普通高等教育"十四五"规划教材

北京高等教育精品教材
BEIJING GAODENG JIAOYU JINGPIN JIAOCAI

家畜环境卫生学实验指导

第2版

刘凤华　戴四发　主　编
王　燕　沈思军　副主编

中国农业大学出版社
· 北京 ·

内容提要

本书是普通高等教育“十四五”规划教材、北京高等教育精品教材《家畜环境卫生学》(第2版)的配套实验教学指导教材。其内容包括7章的40个实验项目,主要涉及温热环境指标的测定、空气环境指标的测定、光声环境指标的测定、水质指标的测定、水中微生物学指标的测定、饮水氯化消毒指标的测定、畜牧场及畜舍指标的计算与设计等,同时附有相关的数据参数、国家标准、行业标准等,具有应用性、综合性、设计性和时代性的特点。本书可供科研型、教学型和应用型高等院校动物科学类、动物医学类及环境科学类、生命科学类相关专业的学生使用,也可作为相关学科的科研工作者和研究生的参考用书。

图书在版编目(CIP)数据

家畜环境卫生学实验指导 / 刘凤华,戴四发主编. -- 2版. -- 北京:中国农业大学出版社,2021.10

ISBN 978-7-5655-2635-0

Ⅰ.①家…　Ⅱ.①刘…　②戴…　Ⅲ.①家畜卫生－环境卫生学－高等学校－教材

Ⅳ.①S851.2

中国版本图书馆CIP数据核字(2021)第207615号

书　名　家畜环境卫生学实验指导　第2版

作　者　刘凤华　戴四发　主编

策划编辑　张秀环　　**责任编辑**　石　华

封面设计　郑　川

出版发行　中国农业大学出版社

社　址　北京市海淀区圆明园西路2号　　**邮政编码**　100193

电　话　发行部 010-62733489,1190　　读者服务部 010-62732336

编辑部 010-62732617,2618　　出　版　部 010-62733440

网　址　http://www.caupress.cn　　**E-mail**　cbsszs@cau.edu.cn

经　销　新华书店

印　刷　北京溢漾印刷有限公司

版　次　2021年10月第2版　2021年10月第1次印刷

规　格　185 mm×260 mm　16开本　9.5印张　235千字

定　价　29.00元

第 2 版编写委员会

主　编　刘凤华　戴四发

副主编　王　燕　沈思军

编　者　（按姓氏笔画排序）

王　燕（华南农业大学）
刘凤华（北京农学院）
李焕荣（北京农学院）
沈思军（石河子大学）
周双海（北京农学院）
高凤仙（湖南农业大学）
郭凯军（北京农学院）
鲁　琳（北京农学院）
童津津（北京农学院）
戴四发（九江学院）

第 1 版编审委员会

主　编　鲁　琳(北京农学院)
　　　　　刘凤华(北京农学院)
　　　　　颜培实(南京农业大学)

副主编　吴中红(中国农业大学)
　　　　　潘晓亮(石河子大学)
　　　　　郭秀山(北京农业职业学院)
　　　　　周双海(北京农学院)

编　者　王占赫(北京农学院)
　　　　　何　欣(北京农学院)
　　　　　刘继军(中国农业大学)
　　　　　齐德生(华中农业大学)
　　　　　吴银宝(华南农业大学)
　　　　　李　昂(福建农林大学)
　　　　　向双云(北京农业职业学院)

审稿者　王新谋(中国农业大学)

第 2 版前言

“家畜环境卫生学”是普通高等院校动物科学类专业的必修专业基础课，也是动物医学类专业的重要选修课，在完善大学生相关专业的知识结构，培养大中专院校学生的生态环境保护意识和畜禽养殖环境管理能力中具有重要意义和作用。“家畜环境卫生学实验指导”是配合理论教学，加强实践技能训练和创新能力培养的重要环节。

本书坚持新时代思想，以创新、协调、绿色、开放、共享五大发展理念为指导，根据教育部印发的《关于深化本科教育教学改革　全面提高人才培养质量的意见》，按照教学体系、教学内容和教学方法改革的要求进行调整和编写。本书参考了第 1 版，根据理论教学内容，进行功能模块化分类，强调基础知识系统化，重视实践能力的应用性，培养学生的创新、创造能力。

在教学过程中，教师应要求学生在做实验之前，对实验内容进行必要的预习；在实验中要严肃认真、独立思考、团结协作、详细记录；在实验结束后，及时整理数据，提交实验报告。特别建议，教师可以从培养学生实践创新能力的角度，以本书中的实验项目为基础，结合科研项目设计或畜牧企业生产一线，指导学生自行开展一定的设计性或综合性实验；也可以通过“课内＋课外”“理论＋实践”“实验＋比赛”等方式创新教学模式与方式，发挥学生主观能动性。

通过实验操作与实习训练，能够帮助学生更好地理解家畜环境科学的基础理论，把握学科实践体系，逐步掌握家畜环境卫生测试技术，进而对畜牧场、畜舍等环境做出正确的监测与客观评价。学生应掌握的实验技能主要包括温热环境指标的分析技术、空气环境指标的分析技术、光声环境指标的分析技术、水质指标的分析技术、水中微生物学指标的分析技术、饮水氯化消毒指标的分析技术、畜舍相关指标计算、生态畜牧场初步规划与设计等内容。

本书编写人员如下：第一章　戴四发、刘凤华；第二章　高凤仙、郭凯军；第三章　沈思军、李焕荣；第四章　王燕、周双海；第五章　王燕、童津津；第六章　沈思军、鲁琳；第七章　沈思军、戴四发；实验指南整体思路框架及各章节设计与审核由刘凤华和戴四发负责。各章节内容均为一线教学和科研人员花费了大量时间进行的收集、整理和总结。由于作者时间和水平有限，难免有疏漏和不妥之处，敬请读者提出宝贵意见，我们将在后期修订及完善。

在本书编写过程中，颜培实教授给予了悉心指导和帮助，提出了许多宝贵意见，在此一并致以诚挚的谢意。

第 1 版前言

家畜环境卫生学实验是配合理论课教学加强实践技能的主要环节。通过实验与实习，能够更好地理解家畜环境科学的基础理论，把握学科体系，逐步掌握家畜环境测试技术，进而对畜舍环境做出正确评价。为了全面推进我国的“无公害食品行动计划”，推动我国畜产品迅速走出国门，养殖业也同时出台了 GB/T 18407.3—2001《农产品安全质量　无公害畜禽肉产地环境要求》、NY/T 388—1999《畜禽场环境质量标准》、GB 18596—2001《畜禽养殖业污染物排放标准》等一批行业标准和国家标准。环境评价工作是安全优质、无公害畜产品生产认证和实施过程中必不可少的程序，掌握相应的环境卫生学实验技术将有助于促进我国养殖生产的环境管理工作。

家畜环境卫生学实验内容主要包括畜舍温热环境的测试、畜舍空气卫生状况的监测、畜舍换气量计算，畜牧场用水与水质状态的监测以及兴建现代化畜牧场的规划技术等。

在做实验之前，学生对实验内容必须进行预习；在实验中要严肃认真，独立思考，详细记录，一丝不苟；在实验结束后，及时整理数据，按时提交实验报告。

目　　录

第一章

温热环境指标的测定

实验目标

• 理解温热环境对畜禽的影响及相关指标测定在畜牧业生产中的意义。

• 掌握空气温度、空气湿度、气流、气压和辐射热等温热环境指标测定仪器的工作原理、测量方法、维护保养等，并能够熟练应用于畜禽生产实践，为畜牧场环境管理与评价奠定基础。

实验一　空气温度的测定

一、玻璃液体温度表法

（一）原理

玻璃液体温度表（计）的基本材质为玻璃，由温度感应部和温度指示部组成。其可分为有带顶帽和不带顶帽两种类型。

玻璃液体温度表（计）的感应部为容纳感温液（即测温介质）的薄壁玻璃球泡（感温泡），其直接由玻璃毛细管加工制成（拉泡）或由焊接一段薄壁玻璃管制成（接泡），位于温度表的下端。温度指示部为一根与感温泡相通的密封玻璃毛细管，其上部有安全泡，里面充有足够压力的干燥惰性气体。玻璃细管上的刻度标尺标有数字和温度单位符号，管内的液柱高度指示感应部位的温度。细管后面衬有标度板（一般为白瓷板），便于读数。有的温度表还有套管，即在玻璃细管外面套有较粗的玻璃管，用来保护细管。

二维码 1-1
玻璃液体温度表（计）结构

液体温度表的工作取决于感温液。其具有膨胀系数大（远大于玻璃的膨胀系数）、黏度小，且在高温下蒸气压低、化学性能稳定、不变质以及在较宽的温度范围内能保持液态等特点。温度变化直接引起感温液体积发生变化，液柱高度相应改变，进而在细管刻度标尺上反映出温度的变化。

温度表感温液为汞（俗称水银）或有机液体（酒精、甲苯和煤油等），以水银、酒精最为常见，故有水银温度表或酒精温度表之称。用水银作为感应液的温度表适宜测高温，准确度也高，但水银凝固点高（－38.9 ℃），不适宜测低温。由于水银在相当大的温度范围内能保持液状，故测定范围广（－35 ℃～357 ℃）。酒精的凝固点低（－117.3 ℃），且沸点也低（78.3 ℃），其测量范围小，故可作为测量低温的感应液，可正确测至−80 ℃。当酒精的凝固点为0 ℃以上时，膨胀不均，故较不精确，常不作为测温的主要感应液。

(二)仪器设备

1. 玻璃液体温度表

刻度最小分值不大于0.2 ℃，测量精度为±0.5 ℃。

2. 温度表支架

用于悬挂温度表。

(三)测定步骤

(1)防止日光等热源辐射的影响，感应部位须遮蔽。

(2)经5～10 min后，读数。在读数时，视线应与温度表标尺垂直，水银温度表按凸出弯月面的最高点读数，酒精温度表按凹月面的最低点读数。

(3)读数应快速准确，以免人的呼吸气和人体热辐射影响读数的准确性。先读小数位，后读整数位。

(4)零点位移误差的校正。由于玻璃热后效应，玻璃液体温度表零点位置应经常用标准温度表校正，如零点有位移时，应把位移值加到读数上。

(四)结果计算

$$t_{实}=t_{测}+d$$

$$d=a-b$$

式中：$t_{实}$ 为实际温度(℃)；$t_{测}$ 为测得温度(℃)；d 为零点位移(℃)；a 为温度计所示零点(℃)；b 为标准温度计校准的零点位置(℃)。

(五)灵敏度与误差来源

1. 灵敏度

温度表刻度分辨力的高低与温度表的灵敏度有关，灵敏度大则分辨力高。增大感温液体积或减小毛细管直径可提高灵敏度。增大感温液体积，则不利于与被测物质间热平衡，容易造成较大的滞后误差，且易使球部产生变形；减小毛细管直径，则细管不易加工均匀，容易造成液柱上升不均匀，影响准确性。因此，应取适当的灵敏度。

另外，温度表的灵敏度还与感温液和玻璃的热膨胀系数之差有关，且成正比。一般选取热膨胀系数较大的液体作为感温液，玻璃热膨胀系数应尽可能小。

2. 误差来源

温度表的主要误差来源：零点永远位移、球部暂时变形、压力变化、刻度不准确、读数方法不正确、热滞效应等。在上述一系列误差中，有的属于系统误差，有的属于随机误差。

二、最高温度表法

(一)原理

玻璃液体最高温度表(计)用于测定某一时段间隔内的最高温度。其构造特点是在温度表的球泡和细管的连通处特别狭窄。在温度表适当倾斜放置，当升温时，感温液体积膨胀，通过狭窄处上升；当降温时，感温液体积收缩，狭窄处液柱断裂，细管内的液柱留在原处，顶端示度即为该时段的最高温度。最高温度表原理见图1-1。

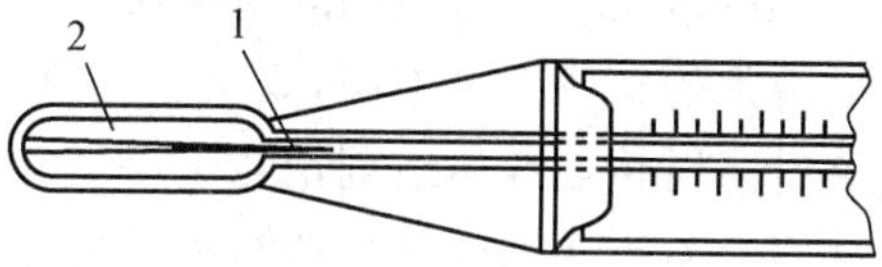

1. 感温部分;2. 玻璃针尖。

图 1-1 最高温度表(计)原理

(二)测定方法

测定方法为最高温度表应倾斜放置,观测后轻轻甩动温度表,使细管中的感温液下落与球部感温液相接,然后平放原位,待下次观测。

三、最低温度表法

(一)原理

最低温度表(计)用于测定某一时段间隔内的最低温度。构造特点是用游标(约长为1 cm,一般蓝色)来指示温度刻度的。当温度表水平放置时,游标置于玻璃毛细管的感温液中。当升温时,游标顶端与温度表的管壁有足够的摩擦力,游标在原地不动;当降温时,感温液(有机液体,一般为酒精)柱收缩到与游标顶端相接触时,游标因感温液表面张力而下滑,当张力完全释放时停止。此时,游标指示的刻度即最低温度。由此可知,游标只能随酒精下降而不能随酒精升高。最低温度表原理见图1-2。

(二)测定方法

测定方法为最低温度表(计)应水平放置,每次观测完毕后,一定要将温度表的球部稍稍抬高一点,使游标滑到感温液柱顶端,这样下次才可继续观测。

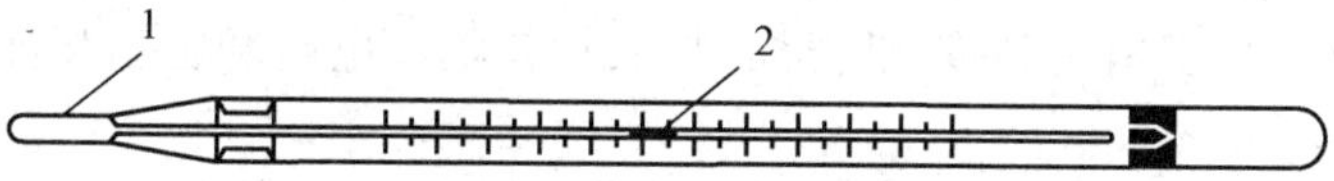

1. 感温部分;2. 游标。

图 1-2 最低温度表(计)原理

四、最高与最低温度表法

最高与最低温度表(计)可以用来观测一定时间的最高温度和最低温度。该温度表由U形玻璃管构成。U形玻璃管底部装有水银,在左侧管上部及温度感应部中充满酒精,在右侧管上部及膨大的球部装有一半的酒精,其上半部充装压缩的干燥惰性气体,两侧管内水银面上各有一个带色的含铁指针。当温度上升时,左侧温包中酒精膨胀,压迫水银向右侧上升,同时也推动水银面上的指针上升;反之,当温度下降时,左侧温包中酒精收缩,右端球部的压缩气体迫使水银向左侧上升,左侧水银面上的指针也上升。两侧的指针都带有细小的弹簧钢针,所以当水银柱下降时,指针并不下降。右侧指针的下端指示一定时间的最高温度,左侧指针的下端指示一定时间的最低温度。在观测前后,用磁铁将指针吸引到水银面上。

二维码 1-2 最高与最低温度表(计)外观

五、自记温度表法

自记温度表(计)用于观测气温的连续变化,由感温器(双金属片)和自动钟及记录笔所组成。感温器是一个弯曲的双金属层薄片，一端固定，一端连接杠杆系统。当气温升高时，两种金属薄片的膨胀系数不同，双层金属薄片稍伸直；当气温下降时，则稍弯曲，通过杠杆，记录笔随之升降而将温度曲线划记在记录纸上。

自记温度表的内部构造与机械钟的内部构造相同，上发条以后则可自转，钟筒外面装记录纸，与记录笔一起组成记录系统。自转一周的速度不同，其可分为日记型与周记型。

这种温度表使用很方便，但没有水银温度表准确，故需要经常用标准温度表校正。

六、数显式温度表法

(一)原理

数显式温度表(计)是测温仪的一种类型，可通过数字直接显示测量温度。感温部分采用PN结晶热敏电阻、热电偶、铂电阻、半导体等温度传感器，感温是通过传感器自身阻值或温差电势随温度变化的原理，再经电阻电桥原理放大，输送 3×1/2×A/D 变换器后，最后经LED、LCD或电脑屏幕等显示器显示。

二维码 1-3 自记温度表(计)外观

二维码 1-4 数显温度表(计)外观

数显式温度表(计)具有高精度、低温漂、超低功耗集成电路和宽温型液晶显示器的特点，具有广泛的适用性。

新型数显式温度表(计)还可以具有单位转换、温度记录、显示最高或最低温度、连接计算机和打印机等功能。

(二)仪器

数显式温度表(计)内置电源(电池)，最小分辨率为 0.1 ℃，测量范围为－40～90 ℃，测量精度为±0.5 ℃。

(三)测定步骤

(1)打开电池盖，装上电池，将传感器插入插孔。

(2)将传感器头部置于测定部位，打开开关。

(3)设置或选择需要显示的参数。

(4)待显示器所显示的温度稳定后，即可读取温度值。

(5)测温结束后，及时关闭开关并取出电池。

(四)结果计算

与玻璃液体温度表(计)法相同。

1. 摄氏温度及华氏温度的单位换算公式

$$℃ = (℉ - 32) \div 1.8$$

$$℉ = ℃ \times 1.8 + 32$$

2. 温度表校正方法

(1)零点校正　将欲校正的温度表或数显温度表的感温元件与二等内标式温度表一并插入恒温水浴槽中，放入冰块或粥状冰液、干净的雪花，校正零点，经 5～10 min 后，记录读数。

(2)刻度校正　提高水浴温度，记录标准温度表为 20 ℃、30 ℃、40 ℃、50 ℃时的读数，先读标准温度表，后读被校正温度表，读后复读标准温度表一次，即可得到相应的校正温度。

3. 畜舍内环境指标的测定位置

(1)牛舍　0.5～1.0 m 固定于各列牛床的上方，散养舍固定于休息区。

(2)猪舍　0.2～0.5 m 装在舍中央猪床的中部。

(3)平养鸡舍　鸡床的上方，鸡头所在高度。

(4)笼养鸡舍　笼架中央高度，中央通道正中鸡笼的前方。

(5)因测试目的不同，可增加畜床、天棚、墙壁表面、门窗处及舍内各分布区等测试点。

用家畜环境测试方法所测得数据要具有代表性。例如，猪的休息行为占 80%以上，所以当厚垫草养猪时，垫草内的温度才是具有代表性的环境温度值。要具体问题具体分析，选择适宜的温度测定位点。另外，在进行长时间测定的时候，要考虑测定仪器的铠装或其他防护措施。

实验二　空气湿度的测定

一、毛发湿度表法

(一)原理

毛发湿度表(计)原理为伸缩法，即利用毛发等材料的长度随空气湿度的变化而伸缩的特性直接指示相对湿度值。仪器有一个小金属框，在其中央垂直方向安装数根脱脂毛发，毛发一端固定不动，另一端系于滑车上，以细线拉动滑车，指针在固定的金属刻度板上移动，此时，可读当时的空气湿度，刻度为相对湿度的百分数。毛发湿度表(计)原理见图 1-3。

(二)仪器

1. 毛发湿度表(计)

气湿刻度表的最小分度值不大于 1%。在温度为 20～25 ℃、湿度为 30%～90% RH，其示值的最大允许误差应不超过±5% RH。

2. 自记湿度表(计)

以毛发为湿度感应元件，与旋转杆、自记温度表和记录笔组合的气湿自动记录装置。刻度表的最小分度值不大于 1%，测量精度为±3%。

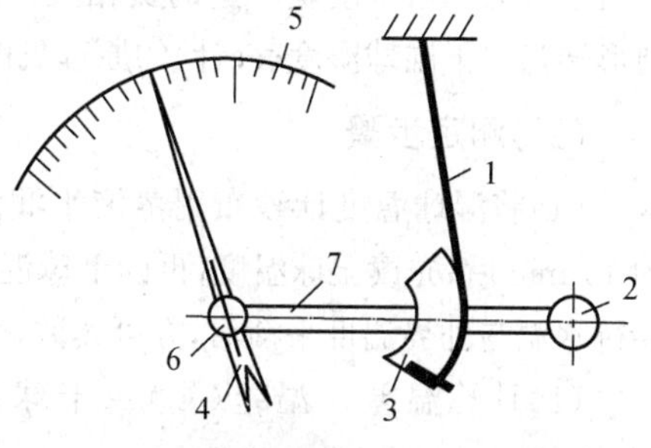

1. 毛发；2. 重锤；3. 凸轮；4. 指针；5. 刻度盘；6. 轴；7. 旋转杆。

图 1-3　毛发湿度表(计)原理

(三)测定步骤

(1)打开毛发湿度表(计)盒盖，将毛发湿度表(计)垂直地悬挂在支架上或稳固地安置在支架上，支架底座保持水平。

(2)安装地点风速应不大于 0.2 m/s，其温度不能高于 45 ℃。

(3)经 20 min 待指针稳定后，按当时指针或笔尖指示的位置观测读数。在读数时，视线须垂直刻度面，指针尖端所指读数应精确地读到 0.2 mm。

(四)结果计算

毛发湿度表所测得的是在当时气温条件下的空气相对湿度。其水汽压可按下列公式计算。

$$e = RH \times E$$

式中：e 为测试时的空气中的水汽压(hPa)；RH 为相对湿度(%)；E 为监测时的气温条件下的饱和水汽压(hPa)。

(五)注意事项

(1)保持毛发清洁干燥。若沾有灰尘，用蒸馏水清洗毛发，待自然干燥后用标准湿度表校准。若毛发及其部件上出现雾凇或水滴，应轻敲金属架使其脱落，或在室内使它慢慢干燥后再使用。

(2)毛发湿度表在相对湿度为 10%以下的环境中长时间放置后，须置于湿度为 95%以上的条件下恢复并经过校准才能使用。

(3)精密度

①重复性　在相同测量条件下，两次测量结果之差应不大于 1.5% RH。

②再现性　在不同测量条件下，两次测量结果之差应不大于 7% RH。

二、干湿球温度表法

二维码 1-5 干湿球温度表(计)外观

(一)原理

干湿球温度表(计)是一种应用较早、原理简单、使用方便，常用于生产现场的湿度测量仪器。

该原理是利用水蒸发吸热降温的物理性质。蒸发的快慢(即降温的多少)与空气的相对湿度密切相关。其构造是利用两只并列的温度表，其中一只在感温球部用脱脂纱布包裹，纱布另一端浸在蒸馏水槽中，由毛细作用使纱布保持潮湿，此即为湿球温度表；另一只直接暴露于空气，谓之干球温度表(表示气温)。干球温度和湿球温度之差与空气的相对湿度呈一定的负相关，可通过附带的简表或圆形转盘。干湿球湿度表(计)的原理见图 1-4。

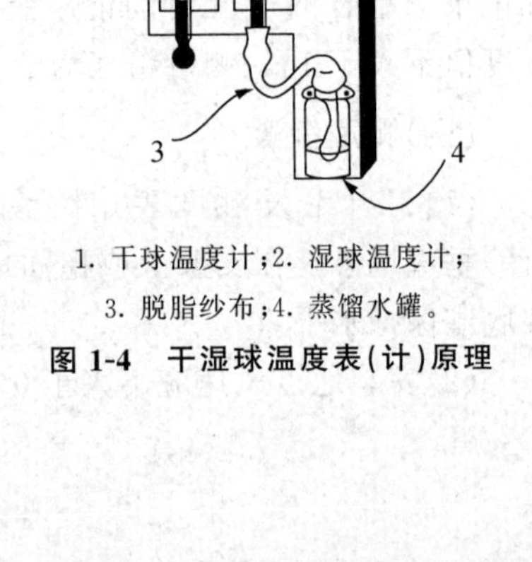

1. 干球温度计；2. 湿球温度计；3. 脱脂纱布；4. 蒸馏水罐。

图 1-4　干湿球温度表(计)原理

(二)测定步骤

(1)将湿球温度计纱布用蒸馏水润湿，固定于测定地点约 10 min 后，先读湿球温度，再读干球温度。若是刚加水，则要待水温与外界温度平衡后，方可读数，一般为 30 min 左右。

(2)计算温差　温差(℃)＝干球温度(℃)－湿球温度(℃)。

(3)读出相对湿度常有以下 3 种方法

①依据温差、湿球温度查，查相对湿度(表 1-1)。

表 1-1　相对湿度表(0～35 ℃)

%

t'^{*}	Δt^{**}/℃																												
/℃	0.5	1.0	1.5	2.0	2.5	3.0	3.5	4.0	4.5	5.0	5.5	6.0	6.5	7.0	7.5	8.0	8.5	9.0	9.5	10.0	10.5	11.0	11.5	12.0	12.5	13.0	13.5	14.0	14.5	15.0
0	90	80	71	63	56	49	43	37	32	28	23	20	16	13	10	8	6	4	2	1										
1	90	81	72	65	58	51	45	40	35	30	26	22	19	16	13	11	9	7	5	4	2	1								
2	90	82	74	66	59	53	47	42	37	33	29	25	22	19	16	14	11	10	8	6	5	4	3	2	1	1				
3	91	82	75	67	61	55	49	44	39	35	31	27	24	21	19	16	14	12	10	9	8	6	5	4	4	3	3	2	2	2
4	91	83	75	69	62	56	51	46	41	37	33	30	26	24	21	19	16	14	13	11	10	9	8	7	6	5	5	4	4	3
5	91	84	76	70	64	58	53	48	43	39	35	32	29	26	23	21	19	17	15	13	12	11	10	9	8	7	6	6	6	5
6	92	84	77	71	65	59	54	49	45	41	37	34	31	28	25	23	21	19	17	15	14	13	12	11	10	9	8	8	7	7
7	92	85	78	72	66	61	56	51	47	43	39	36	33	30	27	25	23	21	19	17	16	15	13	12	11	11	10	9	9	8
8	92	85	79	73	67	62	57	52	48	44	41	37	34	32	29	27	25	23	21	19	18	16	15	14	13	12	12	11	10	10
9	93	86	79	74	68	63	58	54	50	46	42	39	36	33	31	28	26	24	23	21	19	18	17	16	15	14	13	12	12	11
10	93	86	80	74	69	64	59	55	51	47	44	41	38	35	32	30	28	26	24	23	22	20	19	17	16	15	14	14	13	12
11	93	87	81	75	70	65	60	56	52	49	45	42	39	36	34	32	30	28	26	24	23	21	20	19	18	17	16	15	14	13
12	93	87	81	76	71	66	61	57	54	50	47	43	41	38	35	33	31	29	27	26	24	22	21	20	19	18	17	16	15	15
13	94	87	82	76	71	67	62	58	55	51	48	45	42	39	37	34	33	30	29	27	25	24	22	21	20	19	18	17	16	16
14	94	88	82	77	72	68	63	59	56	52	49	46	43	40	38	36	34	32	30	28	27	25	24	22	21	20	19	18	18	17
15	94	88	83	78	73	68	64	60	57	53	50	47	44	42	39	37	35	33	31	29	28	26	25	23	22	21	20	19	19	18
16	94	88	83	78	74	69	65	61	58	54	51	48	45	43	40	38	36	34	32	30	29	27	26	25	23	22	21	20	20	19
17	94	89	83	79	74	70	66	62	59	55	52	49	46	44	41	39	37	35	33	31	30	28	27	26	24	23	22	21	20	20
18	94	89	84	79	75	70	67	63	59	56	53	50	47	45	42	40	38	36	34	32	31	29	28	27	25	24	23	22	21	20
19	94	89	84	80	75	71	67	63	60	57	54	51	48	46	43	41	39	37	35	33	32	30	29	28	26	25	24	23	22	21

续表 1-1

t'^{*} /℃	Δt^{**} /℃																													
	0.5	1.0	1.5	2.0	2.5	3.0	3.5	4.0	4.5	5.0	5.5	6.0	6.5	7.0	7.5	8.0	8.5	9.0	9.5	10.0	10.5	11.0	11.5	12.0	12.5	13.0	13.5	14.0	14.5	15.0
20	95	90	85	80	76	72	68	64	61	58	55	52	49	47	44	42	40	38	39	34	33	31	30	28	27	26	25	24	23	22
21	95	90	85	80	76	72	68	65	62	58	55	53	50	47	45	43	41	39	37	35	34	32	31	29	28	27	26	25	24	23
22	95	90	85	81	77	73	69	66	62	59	56	53	51	48	46	44	42	40	38	36	34	33	31	30	29	28	26	25	24	23
23	95	90	86	81	77	73	70	66	63	60	57	54	51	49	47	45	42	40	39	37	35	34	32	31	29	28	27	26	25	24
24	95	90	86	82	78	74	70	67	63	60	58	55	52	50	47	45	43	41	39	38	36	34	33	31	30	29	28	27	26	
25	95	90	86	82	78	74	71	67	64	61	58	56	53	50	48	46	44	42	40	38	37	35	34	32	31	30	28	27	26	
26	95	91	86	82	78	75	71	68	65	62	59	56	54	51	49	47	45	43	41	39	37	36	34	33	32	30	29	28	27	
27	95	91	87	83	79	75	72	68	65	62	59	57	54	52	49	47	45	43	41	40	38	36	35	33	32	31	30	28	27	
28	95	91	87	83	79	75	72	69	66	63	60	57	55	52	50	48	46	44	42	40	39	37	35	34	33	31	30	29	28	
29	95	91	87	83	79	76	72	69	66	63	60	58	55	53	51	48	46	44	43	41	39	38	36	35	33	32	31	30	28	
30	96	91	87	83	80	76	73	70	67	64	61	58	56	53	51	49	47	45	43	41	40	38	37							
31	96	91	87	83	80	76	73	70	67	64	61	59	56	54	52	50	48	46	44	42	40	39	37							
32	96	91	88	84	80	77	73	70	67	65	62	59	57	54	52	50	48	46	44	43	41	39	38							
33	96	92	88	84	80	77	74	71	68	65	62	60	57	55	53	51	49	47	45	43	41	40	38							
34	96	92	88	84	81	77	74	71	68	65	63	60	58	55	53	51	49	47	45	43	42	40	39							
35	96	92	88	84	81	78	74	71	68	65	63	61	58	56	54	51	49	47	46	44	42	41	39							

注：t'^{*} 为湿球温度；Δt^{**} 为干球温度与湿球温度之差。

②转动干湿球温度计之间的圆柱形滚柱，依据温差、湿球温度读数。

③旋转下方的干球温度盘使干球温度刻度线与湿球湿度刻度线对齐。从刻度盘下方读出相对湿度。相对湿度从左往右逐渐变小，每小格是 2%。

三、通风干湿球温度表法

(一)原理

通风干湿球温度表(计)，即阿斯曼温度表(Assman thermometer)，是对简易干湿球温度表(计)的改进，能有效减少外界因素的干扰。

通风干湿球温度表(计)分为手动和电动两种，由干湿球温度表、通风装置(通风器、通风管、三通管等)、附件(脱脂纱布、吸水橡皮囊、挡风罩、支架等)组成。将两支完全相同的水银温度表都装入金属套管，水银温度表球部有双重辐射防护管。套管顶部装有一个用手动发条或电驱动(220 V 交流电)的风扇，风扇被启动后抽吸空气，使其均匀地通过套管，温度表(计)的球部处于速度≥2.5 m/s 的气流中(电动可达 3 m/s)。其中一支温度表(计)的球部用湿润的纱布包裹。由于纱布上的水分蒸发散热，因而湿球的温度比干球的温度低，其温差与空气相对湿度成一定的比例关系，故通过测定干湿球温度表(计)的温度差，可计算出空气的湿度相对。通风干湿球温度表(计)原理见图 1-5。

二维码 1-6
通风干湿球湿度表(计)外观

通风干湿球温度表(计)携带方便，精度较高。由于表面镀有反射性能很好的镍或铬，同时温度表(计)的感应球部又处于能防止热传导的双重护管中，因此，其可在太阳光下进行观测，也适用于野外勘测，但不能在雨天使用，以免机械生锈。

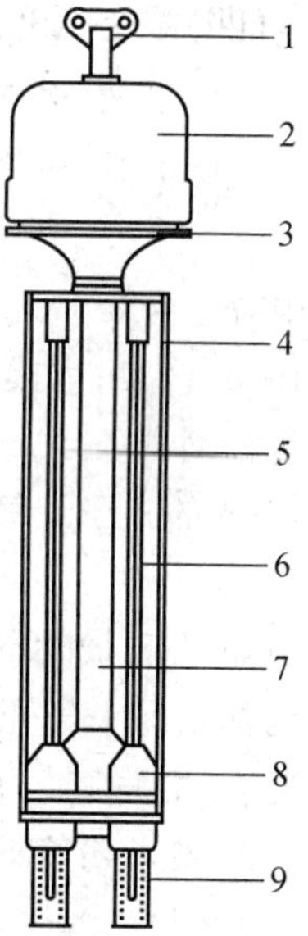

1. 发条钥匙；2. 通风器；3. 风扇；4. 保护板；5. 干球温度表；6. 湿球温度表；7. 通风管；8. 三通管；9. 防护罩。

图 1-5 通风干湿球温度表(计)原理

(二)仪器

1. 机械通风干湿球温度表

温度刻度的最小分值不大于 0.2 ℃，测量精度为±3%，测量范围为 10%～100% *RH*。

2. 电动通风干湿温度表

温度刻度的最小分值不大于 0.2 ℃，测量精度为±3%，测量范围为 10%～100% *RH*。

(三)测定步骤

(1)湿球必须用专用纱布(或棉纱布套管)包扎，只包一层纱布，重叠部分不应大于球部周长的 1/3，用纱布上的棉纱在首尾两处打结(图 1-6)。包扎后的纱布必须紧贴球部，不能褶皱。

(2)用橡皮囊或吸管吸取蒸馏水(水温应与当时气温相近)，送入湿球温度计套管盒，润湿温度计感应部的纱布。

(3)上满发条，注意不要上得过满，以免折断发条。如用电动通风干湿表则应接通电源，通风器转动。

(4)在通风 3 min 后，读干湿温度计所示温度。先读干球温度，后读湿球温度。

(5)注意事项

①如果要进行多次读数，对电动通风干湿表从第 3 分钟开始读数，每隔 1 min 左右，读数一次，到第 6 分钟后就必须重新润湿纱布(在润湿纱布时，须暂停通风器)；对机械通风干湿表，每次上满发条后只能进行两次读数(即第 3 分钟的读数和第 4 分钟的读数)，然后重新上满发条和润湿纱布，再按规定的操作程序读数。

②若需要观测几个不同高度的湿度，当更换观测高度时，要适应环境约 1 min 后才能读数。

③湿球纱布应保持洁白，注意及时更换。

④在读数时，切忌用手接触双重护管，身体也不要与仪器靠得过近。

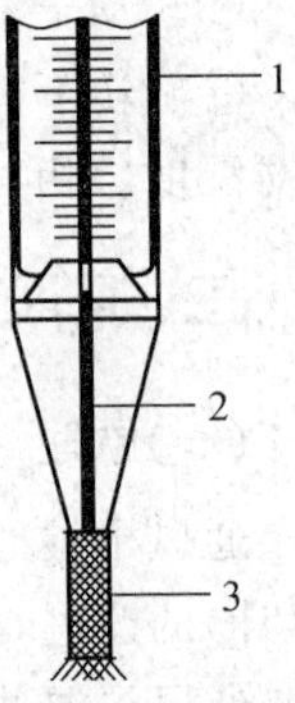

1. 标度板；2. 液柱；3. 脱脂纱布(包裹感温部)。

图 1-6 湿球纱布包扎

(6)通风器作用时间的校正

①通风器的作用时间：将纸条抵住风扇，上足发条，抽出纸条，风扇转动，开动秒表，待风扇停止转动后，按下秒表，其通风器的全部作用时间不得少于 6 min。

②通风器发条盒转动的校正：挂好仪器，上弦使之转动，当通风器玻璃孔中发条盒上的标线与孔上红线重合时，以纸棒抵住风扇。上满弦，抽掉纸棒，待发条盒转动一周，当标线与玻璃孔上红线重合时，开动秒表；当标线与红线再重合时，停表。其时间即为发条盒第二周的转动时间。这一时间不应超过检定证上所列时间(6 s)。

(四)湿空气的计算

1. 水汽压的计算

温度上升，饱和水汽压增加，常用 Magnus 经验公式表示，即

$$E = E_0 \times 10^{aT/(b+T)}$$

式中：E_0 为 0 ℃时的饱和水汽压值，$E_0 = 6.11$ hPa；T 为摄氏温度；a 和 b 为常数，水膜：$a = 7.45, b = 235$；冰膜：$a = 9.5, b = 265$。

在测试条件下，空气中的水汽压(e)与干球温度和湿球温度之差成比例关系，其关系按 Sprung 的式子计算。

$$e = E' - AP(T_d - T_w)$$

式中：e 为测试时空气中的水汽压(hPa)；E'为湿球温度下的饱和水汽压(hPa)，如表 1-2 所列；P 为测试时大气压(hPa)；A 为温度计系数，湿球冰膜时为 0.000 7，水膜时为 0.000 8；T_d为干球温度(℃)；T_w 为湿球温度(℃)。

2. 绝对湿度的计算

$$x = 622e/(P - e)\ (\text{g/kg})$$

式中：x 为绝对湿度(g/kg)；e 为空气的水汽压(hPa)；P 为测试时大气压(hPa)。

在工程计算中习惯将湿空气状态换算为干空气(DA)，单位重量干空气所含水汽克数被定义为绝对湿度(g/kg DA)，本实验采用这个方法，气象学常用比湿来描述。

3. 相对湿度的计算

$$RH = \frac{e}{E} \times 100\%$$

式中：RH 为相对湿度(%)；e 为空气中的水汽压(hPa)；E 为在干球温度条件下的饱和水汽压(hPa)。

表 1-2 不同温度时的最大水汽压*

hPa

温度/℃	温度/℃**									
	0	0.1	0.2	0.3	0.4	0.5	0.6	0.7	0.8	0.9
−5	4.2	4.2	4.1	4.1	4.1	4.1	4.0	4.0	4.0	3.9
−4	4.5	4.5	4.5	4.4	4.4	4.4	4.3	4.3	4.3	4.2
−3	4.9	4.9	4.8	4.8	4.7	4.7	4.7	4.6	4.6	4.6
−2	5.3	5.2	5.1	5.1	5.1	5.1	5.0	5.0	5.0	4.9
−1	5.7	5.6	5.6	5.5	5.5	5.5	5.4	5.4	5.3	5.3
0	6.1	6.2	6.2	6.3	6.3	6.4	6.4	6.5	6.5	6.6
1	6.6	6.6	6.7	6.7	6.8	6.8	6.9	6.9	7.0	7.0
2	7.1	7.1	7.2	7.2	7.3	7.3	7.4	7.4	7.5	7.5
3	7.6	7.6	7.7	7.7	7.8	7.9	7.9	8.0	8.0	8.1
4	8.1	8.2	8.2	8.3	8.4	8.4	8.5	8.5	8.6	8.7
5	8.7	8.8	8.8	8.9	9.0	9.0	9.1	9.2	9.2	9.3
6	9.3	9.4	9.5	9.5	9.6	9.7	9.7	9.8	9.9	9.9
7	10.0	10.1	10.1	10.2	10.3	10.3	10.4	10.5	10.5	10.6
8	10.7	10.8	10.8	10.9	11.0	11.1	11.1	11.2	11.3	11.4
9	11.4	11.5	11.6	11.7	11.7	11.8	11.9	12.0	12.1	12.2
10	12.2	12.3	12.4	12.5	12.5	12.6	12.7	12.8	12.9	13.0
11	13.1	13.1	13.2	13.3	13.4	13.5	13.6	13.7	13.8	13.9
12	13.9	14.0	14.1	14.2	14.3	14.4	14.5	14.7	14.7	14.8
13	14.9	15.0	15.1	15.2	15.3	15.4	15.5	15.6	15.7	15.8
14	15.9	16.0	16.1	16.2	16.3	16.4	16.5	16.6	16.7	16.8
15	16.9	17.0	17.1	17.3	17.4	17.5	17.6	17.7	17.8	17.9
16	18.1	18.2	18.3	18.4	18.5	18.6	18.7	18.9	19.0	19.1
17	19.2	19.3	19.5	19.6	19.7	19.8	20.0	20.1	20.2	20.3
18	20.5	20.6	20.7	20.9	21.0	21.1	21.3	21.4	21.5	21.7
19	21.8	21.9	22.1	22.2	22.3	22.5	22.6	22.8	22.9	23.0
20	23.2	23.3	23.5	23.6	23.8	23.9	24.1	24.2	24.4	24.5
21	24.7	24.8	25.0	25.1	25.3	25.4	25.6	25.7	25.9	26.1
22	26.2	26.4	26.5	26.7	26.9	27.0	27.2	27.3	27.5	27.7
23	27.9	28.0	28.2	28.4	28.5	28.7	28.9	29.1	29.2	29.4
24	29.6	29.8	29.9	30.1	30.3	30.5	30.7	30.9	31.0	31.2
25	31.4	31.6	31.8	32.0	32.2	32.3	32.5	32.7	32.9	33.1
26	33.3	33.5	33.7	33.9	34.1	34.3	34.5	34.7	34.9	35.1
27	35.3	35.5	35.8	36.0	36.2	36.4	36.6	36.8	37.0	37.3
28	37.5	37.7	37.9	38.1	38.4	38.6	38.8	39.0	39.2	39.5
29	39.7	39.9	40.2	40.4	40.6	40.9	41.1	41.3	41.6	41.8

注：*最大水汽压亦称“饱和压”或“饱和湿度”；**用本表可以查知露点温度。例如，当水汽压为 4.1 hPa 时，其露点温度为−5.2 ℃。

为了表示空气中诸要素的关系，引入干空气量为参比，如绝对湿度指的是单位重量干空气所含的水汽量(单位 g/kg)。干球温度、湿球温度、绝对湿度、相对湿度、露点温度和热焓等指标的关系可用温湿线表示(图 1-7)。它把繁杂的湿热关系用湿空气线图的方式直观表现。纵坐标为绝对湿度(g/kg)，横坐标为干球温度(℃)，与横轴呈 25°细虚线为湿球温度(℃)，实线为热焓(kJ/kg)，表中曲线为相对湿度(%)，相对湿度 100%线为饱和水汽线，露点温度(℃)标示在饱和水汽线上，与横轴呈 65°实线为比容积(m^3/kg)。例如，当干球温度为 30 ℃，湿球温度 25 ℃时，找其交点，水平向右在纵坐标上查知绝对湿度为 18 g/kg，同样向左水平移动在饱和水汽线上查知露点温度为 23 ℃，相对湿度约为 67%，热焓为 76 kJ/kg。

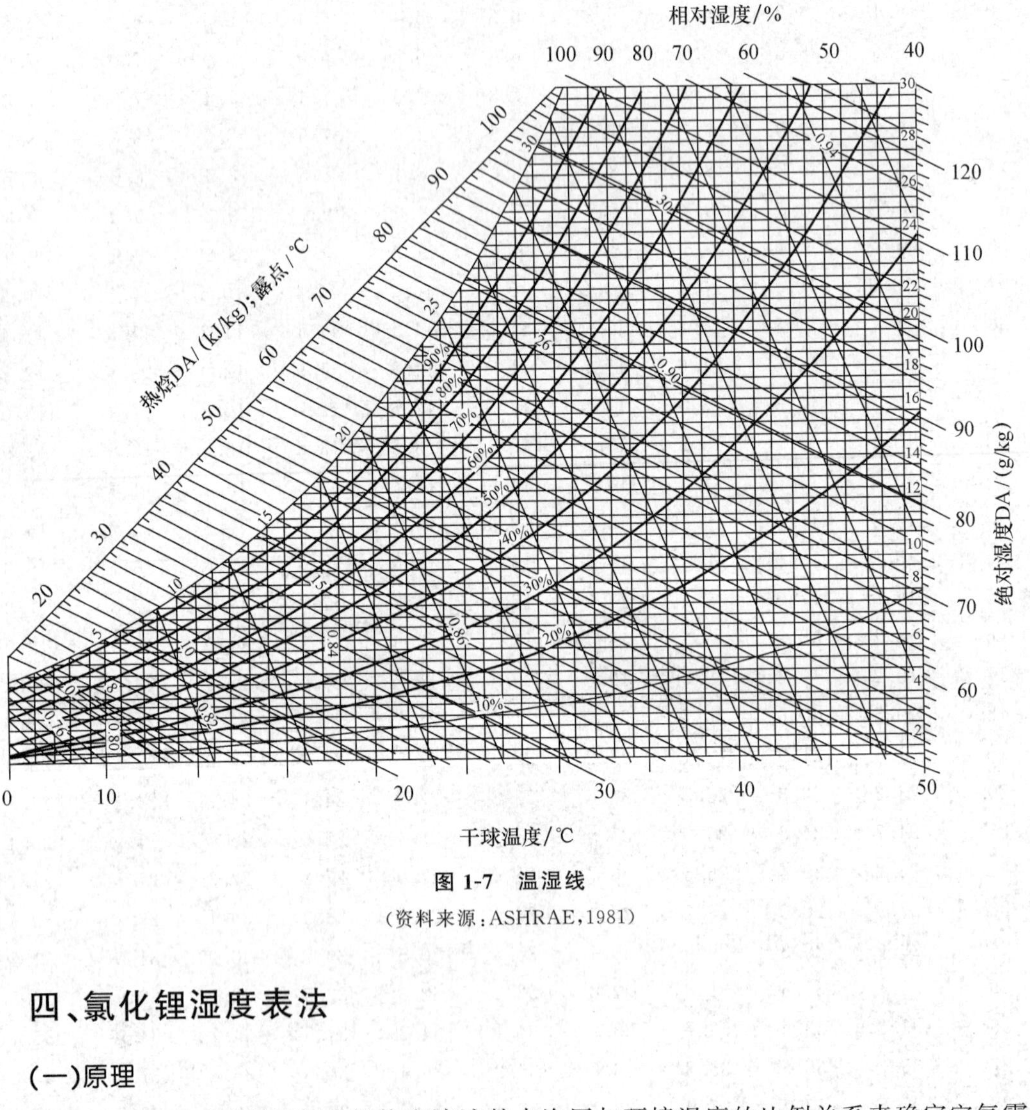

图 1-7 温湿线

(资料来源：ASHRAE，1981)

四、氯化锂湿度表法

(一)原理

氯化锂湿度表(计)利用氯化锂饱和溶液的水汽压与环境温度的比例关系来确定空气露点温度。当在电极间加氯化锂溶液的薄膜层，测头的氯化锂溶液的水汽分压低于空气的水汽分压时，氯化锂溶液吸湿，通电流后，测头逐渐加热，氯化锂溶液中的水汽分压逐渐升高，水汽析出，当氯化锂溶液达饱和时，电流为零，与水汽压平衡。通过测得电极的温度，即可推定空气的露点温度，按下列公式算出空气的相对湿度。

$$RH=\frac{Es}{E}\times 100\%$$

式中：RH 为相对湿度(%)；Es 为露点时的空气中的水汽压(hPa)；E 为监测时的气温条件下的饱和水汽压(hPa)。

(二)仪器

氯化锂露点湿度表：应用现代计算机技术，空气温度和相对湿度可直接在仪器上显示，RH 的测定范围为 12%～100%，测定精度为±3% RH。

(三)测定步骤

(1)打开电源开关观察电压是否正常。

(2)测量前需进行补偿，用旋钮调满度，将开关置于测量位置，即可读数。

(3)把气样流量调到规定范围内，仪器示值至少稳定 5 min 后，读数。

(四)注意事项

(1)当气体流速大于 0.25 m/s 时，露点要偏低，因此，在进行管道或户外安装时，应对传感器加设防风罩。

(2)当用于室外测量时，应在传感器防护罩内壁所结露(霜)消失后读数。

(3)定期对传感器用蒸馏水进行清洗并予以干燥，重新浸涂饱和氯化锂溶液后，方可继续使用。

(4)氯化锂测头连续工作一定时间后必须清洗。湿敏元件不要随意拆动，不得在腐蚀性气体(如二氧化硫、氨气、碱蒸汽、硫化氢等)浓度高的环境中使用，也不得与无水亚硫酸、无水硫酸、二甘醇、乙醇胺等接触。

实验三　气流的测定

一、风向的测定

(一)舍外风向的测定

舍外风向指风的来向，即风吹来的方向，通常以 8 个方位或 16 个方位表示。为表明某地区在一定时间内的风向分布情况，通常以风向的频率表示。

风向的频率=(某风向在一定时间出现的次数÷各方向在该时间内出现次数的总和)×100%。

根据气象台记录的风方向资料，以相应的比例长度(即极坐标系中的半径)表示，按风向从外向中心吹，描在用 8 或 16 方位所表示的极坐标图上，然后将各相邻方向的端点用直线连接起来，绘成一个闭合的折线图就是风向频率图。因图形似玫瑰花朵，常被称为“风向频率玫瑰图”，或被简称为

二维码 1-7
16 方位风向

“风向玫瑰图”。8 方位、16 方位的简易风向玫瑰图见图 1-8。

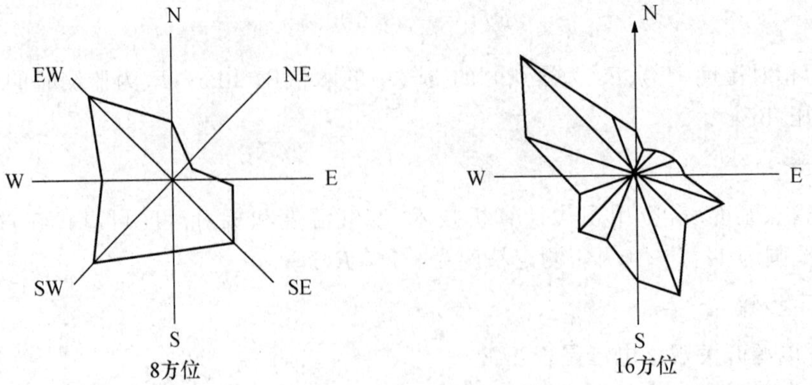

图 1-8　风向玫瑰图

(二)舍内风向的测定

大气气流方向通常使用风向标进行测量。畜舍内的气流较小，其可用氯化铵烟雾来测定，也可用蚊香、舞台烟雾等测定。

二、杯状风速表法

(一)原理

该仪器感受风压的部分是固定在十字护架中的 3 个半球状旋杯，旋杯的凹面在风力作用下，围绕中心轴转动。它的转速与风速有一个固定的关系，中心轴下端连接齿轮系统，最后从指针式表盘或数显式表盘读取数据。此外，还附有风向标和方向盘指示风向。

二维码 1-8　某地区 16 方位风向玫瑰图

二维码 1-9　数显式杯状风向风速表外观

(二)仪器

轻便三杯风向风速表(旋杯的启动风速不大于 0.8 m/s，风速测定误差不大于 0.4 m/s，当±10°读取风向方位时不大于一个方位，测定范围为 1～30 m/s)。

(三)测定步骤

(1)取出并安装仪器，轻拿轻放，切勿用手触摸风杯。

(2)拉下风向表盘的固定套管，此时的方向表盘能自由旋转。风向指针与风向表盘所对的读数为风向，当指针摆动时，可读取中间值。

(3)压下风速表的启动杆，风速指针回零，放开后测定开始，红色指针开始计时。

(4)在测定时不要按压启动杆，1 min 后，时间指针停止转动，风速指针所示数值即为风速。

(5)数显式风速表则只需按下启动按钮,1 min 后自动停止,直接读数即可。

三、翼状风速表法

(一)原理

其原理同“杯状风速表”,只是用轻质铝制成的薄翼片代替风杯而已。

(二)仪器

微风表的启动风速不大于 0.4 m/s,测定范围为 0.5～15 m/s;秒表。

(三)测定步骤

(1)按下风速表上方的“回零”键,使指针回复到零。

(2)将风速表置于测定地点,翼轴对准气流方向。

(3)按下秒表计时,根据气流状况,自主决定测定时间,最后读风速表的累计值和时间,并换算成风速。

(四)注意事项

(1)勿用手拨杯(翼),或强迫停止转动。

(2)避免在腐蚀性气体或粉尘多的地方使用,并注意保持清洁。

(3)当测定气流时,注意勿使身体或其他物体阻挡气流。

四、热球式电风速表法

(一)原理

该风速表是一种能测低风速的仪器,由热球式测杆探头和测量仪表组成。测杆探头有线形、膜形和球形 3 种。其中球形探头是一个直径为 0.6 mm 的玻璃球,球内绕有加热玻璃球用的镍铬丝圈和 2 个串联的热电偶。热电偶的冷端连接在碱铜质的支柱上,直接暴露在气流中。当一定大小的电流通过加热圈后,玻璃球被加热而升温的速度与风速呈现负相关,引起探头电压的变化,然后由仪器(表式)显示出来,或通过显示器(数显式)显示出来,单位为 m/s。

二维码 1-10 表式热球电风速表外观

二维码 1-11 数湿式热球电风速表外观

(二)仪器

表式热球电风速表或数显式热球电风速表。其最低测试值不应大于 0.05 m/s。当测量精度为 0.05～2 m/s 时,测量误差不大于测量值的±10%。当有方向性电风速表测定方向偏差为 5°时,其指示误差不大于被测定值的±5%。

(三)测定步骤

1. 表式热球电风速表法

(1)观察指针是否指于零点,如有偏移,可轻轻调整电表上的机械调零螺丝,使指针回零。

(2)将“校正开关”置于“断”位置。

(3)将测杆插头插在插座内,测杆垂直向上放置,螺塞压紧使探头密封。将“校正开关”置于“满度”,慢慢调整“满度调节”旋钮,指针置满刻度位置。

(4)将“校正开关”置于“零位”,依次调整“粗调”“细调”旋钮,指针调到零位。

(5)轻轻拉动螺塞,测杆探头露出(长短可根据需要选择),测头上的红点对准风向,进行读数,查阅校正曲线,查出校正风速。

(6)在测定一段时间(10 min 左右)后,必须重复以上(3)(4)步骤一次,仪表内的电流标准化。

(7)当测量结束时,应将“校正开关”置于“断”位置。

2. 数显式热球电风速表法

打开电源开关,无须调整即可直接显示出读数,并查阅校正曲线,查出校正风速。

(四)注意事项

(1)本仪器较为精密,严防碰撞振动,不可在含尘量过多或有腐蚀性的场所使用。

(2)仪器内装有 4 节电池,分为 2 组:一组为 3 节串联;另一组为单节。在调整“满度调节”旋钮时,如果电表不能达到满刻度,说明单节电池已耗竭;在调整“粗调”“细调”旋钮时,如果电表指针不能回到零点,说明 3 节电池已耗竭。在更换电池时,将仪器底部的小门打开,按正确的方向接上。

(3)当仪器被维修后,必须重新校正。

五、卡他温度计法

(一)原理

卡他温度计的冷却速度主要取决于它与周围环境的温度差和气流速度。如果知道冷却力和温度差,就可以求出气流速度。

二维码 1-12
卡他温度计外观

(二)仪器

卡他温度计可分为 3 部分,即较大球体感温部、毛细管的指示部和顶部安全球部。毛细管的指示部有 2 个温度刻度。当气温小于 30 ℃,使用常温卡他温度计时,其上方温度刻度为 38 ℃,下方温度为 35 ℃;当气温为 25～50 ℃,使用高温卡他温度计时,其温度刻度为 54.5 ℃和 51.5 ℃。卡他温度计的背面刻有卡他温度计系数。

(三)测定步骤

(1)先将卡他温度计浸入 50～80 ℃的热水中,酒精液柱上升到顶部安全球的 2/3 处。

(2)从水中取出,用纱布擦干,悬挂到测定部,准备好秒表。

(3)用秒表记录酒精液柱经过上、下两刻度的时间。反复 4 次,取后 3 次的平均值为冷却时间。

(4)读取卡他温度计的背面的卡他温度计系数。

(四)结果计算

1. 卡他冷却力

$$H=\frac{F}{t}$$

式中:H 为卡他冷却力[mcal/(cm^2 · s)];F 为卡他温度计系数(mcal/cm^2);t 为冷却时间(s)。

2. 温度差

(1)常温卡他温度计　$Q=36.5°-T$

(2)高温卡他温度计　$Q=53°-T$

式中:Q 为温度差;T 为测试时的温度;36.5°和 53°分别为测定时的卡他温度计的温度中值。

3. 气流速度

(1)常温卡他温度计

$u=[(H/Q-0.2)\div0.4]^2$　　H/Q 值<0.6

$u=[(H/Q-0.13)\div0.47]^2$　　H/Q 值>0.6

(2)高温卡他温度计:

$u=[(H/Q-0.22)\div0.35]^2$　　H/Q 值<0.6

$u=[(H/Q-0.11)\div0.46]^2$　　H/Q 值>0.6

式中:u 为气流速度(m/s)。

实验四　气压的测定

一、水银气压表法

(一)原理

水银气压表(计)由 Moreland 氏在 1670 年发明,德国人 A. Sprung 氏加以改良,是一个上端封闭,下端开口的真空玻璃管。其下端浸在盛有水银的杯中,大气压作用于水银杯中的水银面上,水银升入真空玻璃管中,水银柱就能随大气压的高低变化而上升或下降。其水银柱的高低可借玻璃管外面的一个金属套管上的标尺及游标尺读出气压的数值,气压单位为 mmHg。

常用的水银气压表测量仪器有动槽式(福丁式)水银气压表和定槽式(寇乌式)水银气压表,包括水银柱玻璃管、水银槽和标尺套管 3 个部分。

二维码 1-13
水银气压表构造

水银柱玻璃管长约为 90 cm,上端较粗,下端较细,内径约为 8 mm,内部真空并灌注高纯度水银;水银槽由三根螺栓固定,下半截为铜护套,最下端为槽底调整螺钉,象牙针是气压表的基点;标尺套管的下部装有一支测定表身温度的附属温度表,上部开缝的一侧刻有读数标尺,缝内可见水银柱,调节螺旋可使游标尺上下滑动,当标尺底边与水银柱顶相切时,可读出气压数值。

(二)仪器

动槽式水银气压表、定槽式水银气压表。

(三)测定步骤

1. 动槽式水银气压表

(1)安装

①槽部向上取出气压表,旋紧槽底调整螺旋并倒转直立。

②将气压表安装在立柱上,使其自然下垂,安装高度以便于观测为宜。

③将气压表水银面下降到零点针尖以下 3 mm 处。

④安装完毕 4 h 后,方可观测使用。

(2)观测附温

①读取气压表附属温度表温度,读数精确到 0.1 ℃,记录并复验读数。

②当室温超出水银气压表附属温度表测量范围时,应紧贴气压表外套管另挂一支测量范围较大的温度表进行读数。

(3)观测气压

①缓慢旋紧气压表槽底,调整螺旋,水银面升高至水银面与零点针尖(指示刻度零点的象牙针尖端)相接触,即校正零点。

②调整游标卡尺,游标卡尺环的前后下缘与水银柱凸面定点相切。

③读数、记录并复验复数。

④缓慢旋松气压表槽底,调整螺旋,水银面降低至零点针尖以下 3 mm 处。

(4)维护

①保持气压表清洁、悬挂垂直状态。

②水银面出现氧化物应及时清楚。当水银面严重氧化、水银柱凸面变平不能恢复,或示值异常时,及时更换气压表。

③在拆卸时,应旋转槽底,调整螺旋,水银柱上升至顶部,将其取下并倒转直立装入专用盒内。

④在移运、保管时,应保持气压表槽部向上。

⑤定期检查观测照明手电筒或冷光源状况。

2. 定槽式水银气压表

(1)安装

①槽部向上取出气压表,并倒转直立。

②将气压表安装在立柱上,使其自然下垂,安装高度以便于观测为宜。

③旋松气压表槽部气孔螺丝,槽部不应固定。

④安装完毕 4 h 后,方可观测使用。

(2)观测附温　同动槽式水银气压表。

(3)观测气压

①轻击气压表身,水银面保持稳定状态。

②调整游标卡尺,游标卡尺环的前后下缘与水银柱凸面定点相切。

③读数、记录并复验复数。

(4)维护

①保持气压表清洁、悬挂垂直状态。

②当水银柱凸面变平不能恢复，或示值异常时，及时更换气压表。

③在拆卸时，应旋转槽部上的气孔螺丝，将其取下并倒转，直立装入专用盒内。

④在移运、保管时，应保持气压表槽部向上。

⑤定期检查观测照明手电筒或冷光源状况。

(四)常见气压单位换算

1 标准大气压(atm)＝1 013.25 百帕(hPa)＝760 毫米汞柱(mmHg)

1 百帕(hPa)＝100 帕(Pa)＝0.75 毫米汞柱(mmHg)

1 毫米汞柱(mmHg)＝1.333 百帕(hPa)

二、空盒气压表法

(一)原理

空盒气压表(计)根据金属空盒(盒内近于真空)随气压高低的变化而压缩或膨胀的特性测量大气压强。其由感应、传递和指示 3 部分组成。近似真空的弹性金属空盒用弹簧片和它平衡。随之压缩或膨胀，通过传递放大，把伸张运动传给指针，就可以直接指示气压值。

二维码 1-14 空盒气压表(计)外观

(二)仪器

(1)空盒气压表(或精密空盒气压表)　灵敏度为 0.5 hPa，精度为±2 hPa(空盒气压表)或±1.2 hPa(精密空盒气压表)。

(2)高原空盒气压表　灵敏度为 0.5 hPa，精度为±3.3 hPa。

(3)空盒气压表的技术要求应符合 JB/T 9463—2014 空盒气压表　技术条件。

(三)测定步骤

1. 仪器校准

空盒气压表每隔 3～6 个月校准 1 次，校准可用标准水银气压表进行比较，然后求出空盒气压表的补充订正值。

2. 现场测量

打开气压表盒盖后，先读附属温度计，准确到 0.1 ℃，轻敲盒面(克服空盒气压表内机械摩擦)，待指针摆动静止后读数。在读数时，视线须垂直刻度面，读数指针尖端所示的数值应该准确地读到 0.1 hPa。

实验五　辐射热的测定

一、黑球温度表法

(一)原理

环境中的辐射热被表面涂黑的铜球吸收，使铜球内气温升高，用温度表测量铜球内的气温，同时测量空气温度、风速。由于铜球内气温与环境空气温度、风速和环境中辐射热的强度有关，可以根据铜球内的温度、空气温度、风速表算出环境的平均辐射温度。

二维码 1-15　黑球温度表外观

(二)仪器

(1)黑色铜球　直径为 150 mm，厚为 0.5 mm，表面涂无光黑漆或墨汁，上部开孔用带孔软木塞塞紧。

(2)玻璃液体温度表　刻度最小分度值不大于 0.2 ℃。测量精度为 ±0.5 ℃，温度表的测量范围为 0～80 ℃。

(3)风速表。

(4)悬挂支架。

(三)测定步骤

(1)所用温度表的校正使用见“温度表校正方法”。

(2)将玻璃液体温度表插入黑球木塞小孔，悬挂于欲测点的 1 m 高处。

(3)15 min 后读数，过 3 min 后，再读 1 次，2 次读数相同即为黑球温度，如第 2 次读数比第 1 次高，应过 3 min 后，再读 1 次，直到温度恒定为止。

(4)测量同一地点的气温，在测量时，温度表感应部须用热遮蔽，以防辐射热的影响。

(5)按电风速表法或数字风速表法测定监测点的平均风速。

(四)结果计算

(1)自然对流时平均辐射温度的计算公式

$$T_r=[(T_g+273)^4+0.4\times10^8(T_g-T_a)^{5/4}]^{1/4}-273$$

(2)强迫对流量平均辐射温度的计算公式

$$T_r=[(T_g+273)^4+2.5\times10^8\times V^{0.6}(T_g-T_a)]^{1/4}-273$$

式中：T_r 为平均辐射温度(℃)；T_g 为黑球温度(℃)；T_a 为测点气温(℃)；V 为测时的平均风速(m/s)。

(五)注意事项

(1)铜球表面黑色要涂均匀，但不要过分光亮和反光，故不应使用反光漆。

(2)温度表的使用要求见“玻璃液体温度表法”。

二、单向热电偶辐射热表法

(一)原理

利用黑色平面几乎能全部吸收辐射热,而白色平面几乎不吸收辐射热的性质,将其放在一起。在辐射热的照射下,黑色平面温度升高需与白色平面造成温差,在黑白平面之后接以热电偶组成的热电堆。温差使热电偶产生电动势,电动势接到连接的电流表上,电流的大小可直接反映辐射热的强度。

(二)仪器

1. 单向热辐射表

其灵敏度为 1 cal/(cm^2 · min),电压不小于 3 mV。

2. 仪器校正

每隔 1 年须校准 1 次。校准须用标准辐射源。在一定的距离,调整标准辐射源强度,分别在 2.093 J/(cm^2 · min)、4.187 J/(cm^2 · min)、8.373 J/(cm^2 · min)、16.747 J/(cm^2 · min)、33.494 J/(cm^2 · min)、41.868 J/(cm^2 · min)辐射度下校正。

3. 仪器量程测量最小分度

2 卡挡为 0.05 cal/(cm^2 · min)。10 卡挡为 0.25 cal/(cm^2 · min)。测量范围为 0~10 cal/(cm^2 · min)。

(三)测定步骤

(1)打开仪器盒盖,将仪器放于水平位置,调节仪表机械零点螺丝,使指针指零。当不能指零时,应更换电池。

(2)拨动"调零"开关,旋动"零点调整"旋钮,使指针指零。

(3)根据辐射强度,适当按下"2 卡"或"10 卡"挡。

(4)将敏感元件插头插入仪表面板插孔,打开前盖板,对准辐射源方向。

(5)10 min 左右,待电表读数稳定后即可读数,记录。

(6)测毕盖好盖板、切断电源开关。

注:我国能量(功、热)法定计量单位为焦耳(J),已不用卡(cal),至今使用的某些辐射热表仍以卡(cal)表示,所以本法仍以卡来介绍。但是监测结果应以法定计量单位(J)报告,故应做以下换算:1 cal=4.185 8 J。

三、多功能辐射热表法

(一)原理

其原理同"单向热电偶辐射表法"的原理,具有分析辐射热强度、定向辐射温度等多种功能。

(二)仪器

多功能辐射热表的分辨率为±0.01 cal/(cm^2 · min)。测量精度在测量范围内的测量误差不大于±5%,测量范围为 0~10 cal/(cm^2 · min)。

(三)测定步骤

1. 辐射热强度测量

将选择开关置于"辐射热"挡，打开辐射测头保护盖将测头对准被测方向，即可直接读出测头所接收到的单向辐射热强度。

2. 定向辐射温度的测量

首先，将选择开关置于"辐射热"挡，读出辐射强度 E 值并记录读数。其次，将选择开关置于"测头温度"挡，读出测头温度 T_s 并记录读数；根据下式可计算出该方向的平均辐射温度 T_{dmrt} 值。

$$T_{dmrt}=\left[\frac{E}{\sigma}+T_s+273^4\right]^{1/4}+273$$

式中：T_{dmrt} 为平均辐射温度(℃)；E 为辐射热表读数(kW/m^2)；σ 为斯忒藩-玻耳兹曼常量，[5.67×10^{-8} W/(m^2 · k^4)]；T_s 为测头温度(℃)。

第二章

空气环境指标的测定

实验目标

• 理解空气环境相关指标测定在畜牧生产中的意义。

• 掌握空气中主要有害气体及微粒测定仪器的工作原理、测量方法、维护保养等知识，为畜舍换气量和空气卫生环境评定提供科学依据。

实验一　二氧化碳的测定

一、不分光红外线气体分析法

(一)原理

二氧化碳为偶极分子，对红外线具有选择性的吸收。在一定范围内，吸收值与二氧化碳浓度呈线性关系。根据吸收值，可以确定样品中二氧化碳的浓度。

(二)试剂和材料

(1)变色硅胶　于 120 ℃下干燥 2 h。

(2)无水氯化钙　分析纯。

(3)高纯氮气　纯度 99.99%。

(4)烧碱石棉　分析纯。

(5)塑料铝箔复合薄膜采气袋　0.5 L 或 1.0 L。

(6)二氧化碳标准气体(0.5%)　贮于铝合金钢瓶中(参照 GB/T 5274.1—2018 气体分析　校准用混合气体的制备　第 1 部分:称量法制备一级混合气体)。

(三)仪器

(1)二氧化碳不分光红外线气体分析仪　仪器主要性能指标测量范围为 0～0.5%和 0～1.5%两挡;重现性为≤±1%满刻度;零点漂移为≤±3%满刻度/4 h;跨度漂移为≤±3%满刻度/4 h;温度附加误差为(在 10～80 ℃)≤±2%满刻度/10 ℃。

(2)记录仪 0～10 mV。

(四)采样

取塑料铝箔复合薄膜采气袋,用现场空气冲洗 3～4 次,并采气 0.5 L 或 0.1 L 密封进气口,带回实验室分析,也可以将仪器带到现场间歇进样,或连续测定空气中二氧化碳的浓度。

(五)测定步骤

1. 仪器的启动和校准

(1)启动和零点校准　仪器接通电源后,稳定 30 min 至 1 h,将高纯氮气或空气经干燥管和烧碱石棉过滤管后,进行零点校准。

(2)终点校准:用二氧化碳标准气(0.5%)连接在仪器进样口,进行终点刻度校准。

(3)零点与终点校准重复 2～3 次,仪器处在正常工作状态。

2. 样品测定

将内装空气样品的塑料铝箔复合薄膜采气袋接在装有变色硅胶或无水氯化钙的过滤器上,使其与仪器的进气口相连接,样品被自动抽到气室中,表头指示二氧化碳的浓度(%)。如果将仪器带到现场,可间歇进样测定。仪器接记录仪表可长期监测空气中二氧化碳的浓度。

(六)结果计算

仪器的刻度指示即是样品中二氧化碳的浓度,故可由表头直接读出。

二、容量滴定法

(一)原理

氢氧化钡溶液与空气中二氧化碳作用可生成白色碳酸钡沉淀。在利用过量的氢氧化钡溶液吸收二氧化碳后,剩余的氢氧化钡用标准草酸溶液滴至酚酞试剂红色褪去。根据容量滴定法,滴定结果和所采集的空气体积,即可求得空气中二氧化碳的浓度。

$$Ba(OH)_2 + CO_2 \rightarrow BaCO_3 \downarrow + H_2O$$
$$Ba(OH)_2 + H_2C_2O_4 \rightarrow BaC_2O_4 + 2H_2O$$

(二)试剂和材料

(1)吸收液

①稀吸收液(用于空气二氧化碳浓度低于 0.15%时的采样):称取 1.4 g 氢氧化钡[$Ba(OH)_2 \cdot 8H_2O$]和 0.08 g 氯化钡($BaCl_2 \cdot 2H_2O$)溶于 800 mL 水中,加入 3 mL 正丁醇,摇匀,用水稀释至 1 000 mL。

②浓吸收液(用于空气二氧化碳浓度在 0.15%～0.5%时采样):称取 2.8 g 氢氧化钡[$Ba(OH)_2 \cdot 8H_2O$]和 0.16 g 氯化钡($BaCl_2 \cdot 2H_2O$)溶于 800 mL 水中,加入 3 mL 正丁醇,摇匀,用水稀释至 1 000 mL。

(2)草酸标准溶液　称取 0.563 7 g 草酸($H_2C_2O_4 \cdot 2H_2O$),用水溶解并稀释至 1 000 mL,此溶液 1 mL 与在标准状况(0 ℃,101.325 kPa)下的 0.1 mL 二氧化碳相当。

(3)酚酞指示剂。

(4)正丁醇。

(5)纯氮气(纯度 99.99%)或经碱石灰管除去二氧化碳后的空气。

(三)仪器

(1)恒流采样器　流量范围为 0～1 L/min,流量稳定、可调恒流误差小于 2%;在采样前和采样后,用皂膜流量计校准采样系统的流量,误差不大于 5%。

(2)吸收管吸收液为 50 mL,当流量为 0.3 L/min 时,吸收管多孔板阻力为 40～50 mmHg。

(3)酸式滴定管　50 mL。

(4)碘量瓶　125 mL。

(四)测定步骤

1. 采样

取一个吸收管(事先应充氮或充入经钠石灰处理的空气),加入 50 mL 氢氧化钡吸收液,以 0.3 L/min 流量,采样 5～10 min。采样前后,吸收管的进、出气口均用乳胶管连接以免空气进入。

2. 样品滴定

吸收管送实验室,取出中间砂芯管,加塞静置 3 h,使碳酸钡沉淀完全,吸取上清液 25 mL 于碘量瓶中(碘量瓶事先应充氮或充入经碱石灰处理的空气),加入 2 滴酚酞指示剂,用草酸标准液滴定至红色变为无色,记录所消耗的草酸标准溶液的体积(mL)。

3. 空白滴定

同时吸取 25 mL 未采样的氢氧化钡吸收液做空白滴定,记录消耗的草酸标准溶液的体积(mL)。

(五)结果计算

(1)将采样体积换算成标准状态下的体积。

(2)空气中二氧化碳体积分数按下列公式计算。

$$\varphi = 20 \times \frac{b-a}{V_0}$$

式中:φ 为空气中二氧化碳体积分数(%);a 为样品滴定所用草酸标准溶液体积(mL);b 为空白滴定所用草酸标准溶液体积(mL);V_0 为换算成标准状况下的采样体积(mL)。

该方法的精密度和准确度对含二氧化碳 0.04%～0.27%的标准气体的回收率为 97%～98%,重复测定的变异数为 2%～4%。

三、数显式红外线二氧化碳检测仪法

(一)原理

二氧化碳为偶极分子,对红外线具有选择性的吸收。在一定范围内,吸收值与二氧化碳浓度呈线性关系。仪器内置的红外线传感器根据吸收值可以确定空气中二氧化碳的浓度。

(二)仪器

德国 testo 公司 Testo 535 CO_2 测量仪:量程为 0～+9 999 ppm,分率为 1 ppm,精度(在室温下)为 0～+5 000 ppm 和+5 001～+9 999 ppm。

说明:此仪器测量数据单位为 ppm,读取数据后,请转换为 mg/m^3。

(三)测定步骤

(1)正确放入电池。

(2)按键打开仪器，仪器进入测量模式。

(3)屏幕显示当前的测量值，即可记录当前数值；按键 1 次，当前读数被保持。

实验二　氨气的测定

测定空气中氨气的方法有 4 种：纳氏试剂分光光度法、非分散红外光谱法、红外光声谱法和电化学法。

一、纳氏试剂分光光度法

纳氏试剂分光光度法的现执行标准为 HJ 535—2009 水质　氨氮的测定　纳氏试剂分光光度法。

(一)原理

空气中氨吸收在稀硫酸中与纳氏试剂作用生成黄色化合物，根据着色深浅，比色定量。

(二)试剂和材料

本法所用的试剂均为分析纯，水为无氨蒸馏水。

1. 吸收液(H_2SO_4=0.005 mol/L)

量取 2.8 mL 浓硫酸加入水中，稀释至 1 L。用前再稀释 10 倍。

2. 酒石酸钾钠溶液(500 g/L)

称取 50 g 酒石酸钾钠($KNaC_4H_4O_6 \cdot 4H_2O$)溶于 100 mL 水中，煮沸，使其减少约 20 mL 为止，冷却后，再用水稀释至 100 mL。

3. 纳氏试剂

称取 17 g 氯化汞($HgCl_2$)溶解于 300 mL 水中，另称取 35 g 碘化钾(KI)溶解于 100 mL 水中，然后将氯化汞溶液缓慢加入碘化钾溶液中，直至形成红色沉淀为止。再加入 600 mL 氢氧化钠溶液(200 g/L)及剩余的氯化汞溶液。将此溶液静置 1～2 d，使红色混浊物下沉，将上清液移入棕色瓶中(或用 $5^{\#}$ 玻璃砂芯漏斗过滤)，用橡皮塞塞紧保存备用(纳氏试剂几乎无色，毒性较大，取用时必须十分小心，接触到皮肤时，应立即用水冲洗；含纳氏试剂的废液，应集中处理。)。

4. 氨标准溶液

(1)标准储备液　称取 0.314 2 g 经 105 ℃干燥 1 h 的氯化铵(NH_4Cl)，用少量水溶解，移入 100 mL 容量瓶中，用吸收液稀释至刻度。此溶液 1.00 mL 含 1.00 mg 氨。

(2)标准工作液　在临用时，将标准储备液用吸收液稀释成 1.00 mL 含 2.00 μg 氨。

(三)仪器

(1)大型气泡吸收管　有 10 mL 刻度线。

(2)空气采样器　流量范围为 0～2 L/min，流量稳定。使用前后，用皂膜流量计校准采样系统的流量，误差范围为±5%。

(3)具塞比色管　10 mL。

(4)分光光度计　可测波长为 45 nm,狭缝小于 20 nm。

(四)测定步骤

1. 采样

用一个内装 10 mL 吸收液的大型气泡吸收管,以 0.5 L/min 流量,采气 5 L,及时记录采样点的温度及大气压力。采样后,样品在室温下保存,于 24 h 内分析。测定范围为 10 mL 样品溶液中含 2～20 μg 氨。按本法规定的条件采样 10 min,样品可测质量浓度范围为 0.4～4 mg/m^3。

2. 标准曲线的绘制

取 10 mL 具塞比色管 7 支,按表 2-1 制备标准系列管。

表 2-1　氨标准系列

溶液	管号						
	0	1	2	3	4	5	6
标准工作液/mL	0.00	1.00	2.00	4.00	6.00	8.00	10.00
吸收液/mL	10.00	9.00	8.00	6.00	4.00	2.00	0.00
氨含量/μg	0.00	2.00	4.00	8.00	12.00	16.00	20.00

在各管中加入 0.1 mL 酒石酸钾钠溶液,再加入 0.5 mL 纳氏试剂,混匀,室温下放置 10 min。用 1 cm 比色皿,于波长 425 nm 处,以水作参比,测定吸光度。以氨含量(μg)作横坐标,吸光度为纵坐标,绘制标准曲线,并用最小二乘法计算标准曲线的斜率、截距及回归方程。

$$Y = bX + a$$

式中:Y 为标准溶液的吸光度;X 为氨含量(μg),为回归方程式的截距;b 为回归方程式斜率(吸光度/μg)。标准曲线斜率 b 应为 0.014±0.002(吸光度/μg)。以斜率的倒数作为样品测定时的计算因子(B_s)。

3. 样品测定

将样品溶液转入具塞比色管中,用少量的水洗吸收管,合并,使总体积为 10 mL,再按制备校准曲线的操作步骤测定样品的吸光度。在对每批样品进行测定的同时,用 10 mL 未采样的吸收液做试剂空白测定。如果样品溶液吸光度超过标准曲线范围,则可用试剂空白稀释样品显色液后再分析。在计算样品浓度时,要考虑样品溶液的稀释倍数。

(五)结果计算

(1)将采样体积换算成标准状态下的体积。

(2)空气中氨的浓度按下列公式计算

$$c = \frac{(A - A_0)B_s}{V_0}$$

式中:c 为空气中氨的质量浓度(mg/m^3);A 为样品溶液的吸光度;A_0 为空白溶液的吸光度;B_s 为计算因子(μg/吸光度);V_0 为标准状态下的采样体积(L)。

①无氨蒸馏水的制备:于普通蒸馏水中,加少量的高锰酸钾至浅紫红色,再加少量氢氧化钠至呈碱性。蒸馏,取其中间蒸馏部分的水,加少量硫酸溶液呈微酸性,再蒸馏一次。

②含汞废液的处理方法:为了避免含汞废液造成对环境的污染,应将废液中的汞进行处理。其方法是将废液收集在塑料桶中,当废水容量达到 20 L 左右时,以曝气方式混匀废液,同

时加入 50 mL 氢氧化钠溶液(400 g/L),再加入 50 g 硫化钠($Na_2S \cdot 9H_2O$),10 min 后,慢慢加入 200 mL 市售过氧化氢,静置 24 h 后,抽取上清液弃去。

二、非分散红外光谱法

(一)原理

非分散红外光谱法是一种基于气体吸收理论而创立的方法。当红外能量经过待测气态分子时,将会吸收各自特征波长的红外光,引起分子振动能级和转动能级的跃迁,产生红外吸收光谱。其吸收光谱的峰值与气态物质浓度之间的关系符合比尔-朗伯定律,因此,求出光谱光强的变化量就可以反演出待测气体的浓度。

(二)仪器

美国 Rosemount 公司 Binos4b 型非分散红外光谱气体分析仪;武汉四方光电科技有限公司 GASBOARD 红外气体分析仪。

(三)测定步骤

请按相关仪器使用说明书执行。

三、红外光声谱法

(一)原理

红外光声谱技术是基于红外吸收的能量转换,样品吸收红外入射光后产生热转换,热能传给样品周围的惰性气体,惰性气体吸热后膨胀产生压力波,这种压力波动能被敏感的麦克风检测,最后被转换成光谱。在其光谱中,每种气体对特定波长的光有较强的吸收,通过检测气体对光的波长和强度的影响,以确定气体的浓度。

(二)仪器

丹麦 Lumasense 公司 INNOVA 型红外光声谱气体监测仪。

(三)测定步骤

请按相关仪器使用说明书执行。

四、电化学法

(一)原理

其原理是利用物质的电化学性质测定待测气体浓度,根据化学反应所引起的离子量的变化或电流变化来测量气体成分和浓度。该方法又可以具体分为热催化法和电子鼻法。热催化法是利用气体在催化元件上氧化生热,催化元件的阻值发生变化,由催化元件和电阻组成的惠氏电桥失去平衡,输出与气体浓度成正比的电信号,通过测量电信号的大小,达到检测气体浓度的目的。电子鼻法是由气敏传感器阵列结合成适当的模式识别算法,通过模拟生物嗅觉,分析、识别和检测简单或复杂气体成分和浓度。

(二)仪器

美国 IST 公司 IQ-1000 Mega-gas 型万用气体检测仪;北京吉华安泰科技有限公司 AT-

NH_3 畜舍 NH_3 检测仪美国 ESC 公司 Z-800P 泵吸式 NH_3 检测仪；美国英思科公司 iTX 型六合一气体检测仪。

(三)测定步骤

请按相关仪器使用说明书执行。

实验三 硫化氢的测定

一、原理

空气中的硫化氢被碱性氢氧化镉悬浮液吸收，形成硫化镉沉淀。吸收液中加入聚乙烯醇磷酸铵可以减低硫化镉的光分解作用。然后，在硫酸溶液中，硫化氢与对氨基二甲基苯胺溶液和三氯化铁溶液作用，生成亚甲基蓝。根据颜色深浅，比色定量。

二、试剂和材料

本法所用试剂纯度为分析纯，所用水为二次蒸馏水，即一次蒸馏水中加少量氢氧化钠和高锰酸钾再蒸馏制得。

(一)吸收液

称量 4.3 g 硫酸镉($3CdSO_4 \cdot 8H_2O$)和 0.3 g 氢氧化钠以及 10 g 聚乙烯醇磷酸铵分别溶于水中。临用时，将 3 种溶液相混合，强烈振摇至完全混溶，再用水稀释至 1 L。此溶液为白色悬浮液。在每次用时，要强烈振摇均匀，再量取，置于冰箱中，可保存 1 周。

(二)对氨基二甲基苯胺溶液

(1)储备液　量取 50 mL 硫酸溶液，缓慢加入 30 mL 水中，放冷后，称量 12 g 对氨基-N,N-二甲基苯胺二盐酸盐[$(CH_3)_2NC_6H_4NH_2 \cdot 2HCl$]溶于硫酸溶液中。置于冰箱中，可保存 1 年。

(2)使用液　量取 2.5 mL 储备液，用 1∶1 硫酸溶液稀释至 100 mL。

(三)三氯化铁溶液

称量 100 g 三氯化铁($FeCl_3 \cdot 6H_2O$)溶于水中，稀释至 100 mL。若有沉淀，需要过滤后使用。

(四)混合显色液

在临用时，按 1 mL 对氨基二甲基苯胺使用液和 1 滴(0.04 mL)三氯化铁溶液的比例混合。此混合液要现用现配，若出现有沉淀物生成，应弃之不用。

(五)磷酸氢二铵溶液

称量 40 g 磷酸氢二铵[$(NH_4)_2HPO_4$]溶于水中，并稀释至 100 mL。

(六)硫代硫酸钠标准溶液(0.010 0 mol/L)

准确吸量 100 mL 浓度为 0.1 mol/L 硫代硫酸钠标准溶液，用新煮沸、冷却后的水稀释至 1 L。

(七)碘溶液

(1)0.10 mol/L 碘溶液　称量 40 g 碘化钾,溶于 25 mL 水中,再称量 12.7 g 碘,溶于碘化钾溶液中,并用水稀释 1 L,移入棕色瓶中,暗处贮存。

(2)0.01 mol/L 碘溶液　精确吸量 100 mL 为 0.10 mol/L 碘溶液于 1 L 棕色容量瓶中,另称量 18 g 碘化钾溶于少量水中,移入容量瓶中,用水稀释至刻度。

(八)0.5%淀粉溶液

称量 0.5 g 可溶性淀粉,加 5 mL 水调成糊状后,再加入 100 mL 沸水中,并煮沸 2~3 min 至溶液透明,冷却,临用现配。

(九)1∶1盐酸溶液

50 mL 浓盐酸浓度与 50 mL 水混合。

(十)标准溶液

取硫化钠晶体($Na_2S \cdot 9H_2O$),用少量水清洗表面,用滤纸吸干。称量 0.71 g 硫化钠晶体,溶于新煮沸、冷却的水中,再稀释至 1 L。用下述的碘量法标定浓度,在标定后,立即用新煮沸冷却的水稀释成 1.00 mL 含 5 μg 的硫化氢标准溶液。硫化钠在水溶液中极不稳定,稀释后应立即做标准曲线,标准溶液必须每次新配,现标定,现使用。

标定方法:精确吸量 20.00 mL 浓度为 0.01 mol/L 碘的标准溶液于 250 mL 碘量瓶中,加 90 mL 水,加 1 mL 1∶1 盐酸溶液,然后准确加入 10.00 mL 硫化钠溶液,混匀,放在暗处 3 min。再用 0.010 0 mol/L 硫代硫酸钠标准溶液滴定至浅黄色,加 1 mL 新配制的 0.5%淀粉液呈蓝色,用少量水冲洗瓶的内壁,再继续滴定至蓝色刚刚消失(由于有硫生成,使溶液呈微混浊色。此时,要特别注意滴定终点颜色突变)。记录所用硫代硫酸钠标准溶液的体积。同时另取 10 mL 水做空白滴定,其滴定步骤完全相同,记录空白滴定所用硫代硫酸钠标准溶液的体积。样品滴定和空白滴定各重复做 2 次,2 次滴定所用硫代硫酸钠的体积误差不超过 0.05 mL。硫化氢浓度用下列公式计算。

$$c=\frac{(V_2-V_1)}{10\times N\times 17}$$

式中:c 为硫化氢的质量浓度(mg/mL);V_2 为空白滴定所用硫代硫酸钠的体积(mL);V_1 为样品滴定所用硫代硫酸钠的体积,mL;N 为硫代硫酸钠标准溶液的浓度;17 为硫化氢的当量。

(十一)硫化氢渗透管

购置经国家计量部门用称重法校准过的渗透管:渗透率范围为 0.02~0.5 μg/min;不确定度为 2%。

三、仪器

(一)大型气泡吸收管

有 10 mL 刻度线,并配有黑色避光套。

(二)空气采样器

流量范围为 0.2~2 L/min,流量稳定。在使用时,用皂膜流量计校准采样系列在采样前和采样后的流量,流量误差应小于 5%。

(三)具塞比色管

10 mL。

(四)分光光度计

用 20 mm 比色皿,在波长 665 nm 处测吸光度。

(五)渗透管配气装置

渗透管恒温浴的温度变化幅度应控制在±0.1 ℃之内,配气系统中的气体流量误差应小于 2%(参考 GB/T 5275.10—2009 气体分析 动态体积法制备校准用混合气体 第 10 部分:渗透法)。

(六)采样

用一个内装 10 mL 吸收液的大型气泡吸收管,以 0.5～1.5 L/min 的流量,避光采空气样品 30 L。根据现场硫化氢浓度,选择采样流量,最大采样时间不超过 1 h。采样后的样品也应置于暗处,并在 6 h 内显色或在现场加显色液,带回实验室,在当天内比色测定。记录采样时的温度和大气压力。

四、测定步骤

(一)标准曲线的绘制

(1)用标准溶液绘制标准曲线 按表 2-2 制备标准系列管,先加吸收液,后加标准液,立即倒转混匀。

表 2-2 硫化氢标准系列

溶液	管号					
	0	1	2	3	4	5
吸收液/mL	10.0	9.9	9.0	9.8	9.4	9.2
标准液/mL	0	0.10	0.20	0.40	0.6	0.8
硫化氢含量/μg	0	0.5	1	2	3	4

各管立即加 1 mL 混合显色液,加盖倒转,缓缓混合均匀,放置 30 min。加 1 滴磷酸氢二钠溶液,摇匀,以排除 Fe^{3+} 的颜色。用 20 mm 比色皿,以水作参比,在波长 665 nm 处测定各管吸光度。以硫化氢含量(μg)为横坐标,吸光度为纵坐标,绘制标准曲线,并计算回归直线的斜率,以斜率倒数作为样品测定的计算因子 B_s(μg/吸光度)。

(2)用标准气体绘制标准曲线 将已知渗透率的硫化氢渗透管在标定渗透率的温度下,恒温 24 h 以上。用纯氮气以较小的流量(约 250 mL/min)将渗透出来的硫化氢气体带出,并与纯空气进行混合和稀释,调节空气的流量得到不同浓度的硫化氢标准气体。用下列公式计算硫化氢标准气体的浓度。

$$c = \frac{P}{F_1 + F_2}$$

式中:c 为在标准状况下硫化氢标准气体的质量浓度(mg/m³);P 为硫化氢渗透管的渗透率(μg/min);F_1 为标准状况下氮气流量(L/min);F_2 为标准状况下稀释空气流量(L/min)。

例如,渗透率为 0.05 μg/min,氮气流量为 0.25 L/min,空气流量为 4.75 L/min,则硫化氢质量浓度为 0.01 mg/m³。这样，在可测质量浓度范围内(0.005～0.130 mg/m³)，至少制备 4 个浓度点的硫化氢标准气体，并以零浓度气体做试剂空白测定。各种浓度点的标准气体按常规采样的操作条件，采集一定体积的标准气体，采样体积应与预计在现场采集空气样品的体积相接近(如采样流量为 1.0 L/min，采气体积为 30 L)。然后，各浓度点的样品溶液用水补至采样前的吸收液的体积，按用标准溶液绘制标准曲线的操作步骤显色，并测定各浓度点的样品溶液的吸光度。以硫化氢标准气体的质量浓度(mg/m³)为横坐标，吸光度为纵坐标，绘制标准曲线，并计算回归直线的斜率，以斜率的倒数作为样品测定的计算因子 B_g[mg/(m³·吸光度)]。

(二)样品测定

采样后，用水补充到采样前的吸收液的体积。由于样品溶液不稳定，应在 6 h 内按用标准溶液绘制标准曲线的操作步骤显色，测吸光度。在每批样品测定的同时，用 10 mL 未采样的吸收液做试剂空白的测定。如果样品溶液吸光度超过标准曲线的范围，则可将样品溶液用吸收液稀释后再分析，在计算浓度时，要考虑到样品溶液的稀释倍数。

五、结果计算

(一)换算体积

将采样体积换算成标准状况下的采样体积。

(二)空气中硫化氢浓度计算

(1)当用标准溶液制备标准曲线时，空气中硫化氢的浓度用下列公式计算。

$$c=\frac{(A-A_0)\times B_s}{V_0\times D}$$

式中：c 为空气中硫化氢的质量浓度(mg/m³)；A 为样品溶液的吸光度；A_0 为试剂空白的吸光度；B_s 为由分析步骤 1 得到的计算因子(μg/吸光度)；D 为分析时样品溶液的稀释倍数。

(2)当用标准气体制备标准曲线时，空气中硫化氢的浓度用下列公式计算。

$$c=(A-A_0)\times B_g\times D$$

式中：B_g 为由分析步骤 1 得到的计算因子[mg/(m³·吸光度)]；其他符号同前。

①硫代硫酸钠标准溶液制备：0.100 0 mol 碘酸钾标准溶液：准确称量 3.566 8 g 经 105 ℃ 干燥 2 h 的碘酸钾(一级)，溶于水中，移入 1 L 容量瓶中，加水稀释至刻度，摇匀。

②0.1 mol 硫代硫酸钠标准溶液：称量 25 g 硫代硫酸钠($Na_2S_2O_3\cdot 5H_2O$)溶于新煮沸冷却后的水中，加入 0.2 g 碳酸钠，并稀释至 1 L，贮于棕色瓶中，如混浊应过滤。放置 1 周后，标定浓度。

③硫代硫酸钠标准溶液浓度标定方法：准确量取 25.00 mL 的 0.100 0 mol/L 碘酸钾标准溶液，于 250 mL 碘量瓶中，加入 75 mL 新煮沸冷却的水，再加 3 g 碘化钾和 10 mL 冰乙酸。摇匀后，暗处放置 3 min，用 0.1 mol/L 硫代硫酸钠标准溶液滴定析出的碘至淡黄色，再加 1 mL 0.5%淀粉溶液，呈蓝色，再继续滴定至蓝色刚刚褪去，即为终点。记录所用硫代硫酸钠溶液体积。重复做 2 次滴定，所用硫代硫酸钠溶液体积误差不超过 0.05 mL，硫代硫酸钠标准溶液的浓度用下列公式计算。

$$M=\frac{0.100\,0\times 25.00}{V}$$

式中：M 为硫代硫酸钠标准溶液的浓度(mol/L)；V 为滴定所用硫代硫酸钠溶液的体积(mL)。

实验四 颗粒物 $PM_{2.5}$ 的测定

颗粒物(particulate matter，PM)$PM_{2.5}$ 是指大气中空气动力学直径小于或等于 2.5 μm 的颗粒物，也称之为可入肺颗粒物。目前广泛采用的 $PM_{2.5}$ 测定方法有 4 种：重量法、β 射线吸收法、微量振荡天平法和光散射法。$PM_{2.5}$ 测定方法按工作原理分为手工分析法(也称标准法，重量法)和自动分析法(包括微量振荡天平法、β 射线吸收法、光散射法)。$PM_{2.5}$ 质量浓度监测的仪器主要是采样器和监测仪。

一、重量法

(一)原理

重量法测量 $PM_{2.5}$ 浓度普遍采用大流量采样器。其原理为采样泵抽取一定体积的空气进入切割器，将空气动力学直径小于 3.0 μm 的颗粒物切割分离，颗粒物 $PM_{2.5}$ 随着气流经切割器的出口被阻留在已称重的滤膜上。根据采样前后滤膜的质量差及采样体积，计算 $PM_{2.5}$ 的浓度。

(二)仪器

(1)$PM_{2.5}$ 切割器、采样系统　切割粒径＝(2.5±0.2)μm；捕集效率的几何标准差为 σ_g＝(1.2±0.1)μm。目前按照重量法设计的采样仪器较多，如中国生产的 TH-150 型智能中流量颗粒物采样器、四通道 $PM_{2.5}$ 采样器(PR2300)、美国 URG 公司生产的通用型大气污染物采样仪(UGR-3000k)、德国 GRIM 分析仪等。这些采样器利用 Teflon 膜或 PTEE 滤膜对 $PM_{2.5}$ 进行采样，再采用重量法计算颗粒物质量浓度。

(2)采样器孔口流量计

①大流量流量计：量程为 0.8～1.4 L/min；误差≤2%。

②中流量流量计：量程为 60～125 L/min；误差≤2%。

③小流量流量计：量程＜30 L/min；误差≤2%。

(3)滤膜　根据样品采集目的，可选用玻璃纤维滤膜、石英滤膜等无机滤膜或聚氯乙烯、聚丙烯、混合纤维等有机滤膜。滤膜对 0.3 μm 标准粒子的截留效率不低于 99%。空白滤膜进行平衡处理至恒重，称量后放入干燥器，备用。

(4)分析天平　感量 0.1 mg 或者 0.01 mg。

(5)恒温恒湿箱　箱内空气温度在 15～30 ℃范围内可调，控温精度为±1 ℃。箱内空气湿度应控制为(5±50)%。恒温恒湿箱可连续工作。

(6)干燥器　内盛变色硅胶。

(三)样品采集及保存

在采样时，将已称重的滤膜用镊子放入洁净采样夹内的滤网上，滤膜毛面应朝进气方向。将滤膜牢固压紧至不漏气。如果测定任何一次浓度，每次需更换滤膜。如果测日平均浓度，样品可采集在一张滤膜上。在采样结束后，用镊子取出。将有尘面两次对折，放入样品盒或纸袋，并做好采样记录。在滤膜采集后，如不能立即称重，应在 4 ℃的温度下冷藏保存。

（四）测定步骤

将滤膜放在恒温恒湿箱中平衡 24 h。其平衡条件为：温度取 15～30 ℃中任何一点，相对湿度控制为 45%～55%，记录平衡温度与湿度。在上述平衡条件下，用感量为 0.1 mg 或 0.01 mg 的分析天平称量滤膜，记录滤膜质量。同一滤膜在恒温恒湿箱中的相同条件下再平衡 1 h 后，称重。2 次质量之差分别小于 0.4 mg 或 0.04 mg 为满足恒重要求。

（五）结果计算

$PM_{2.5}$质量浓度按下列公式计算。

$$\rho=\frac{W_2-W_1}{V}\times 1\ 000$$

式中：ρ 为 $PM_{2.5}$浓度（mg/m^3）；W_2 为采样后滤膜的质量（mg）；W_1 为空白滤膜的质量（mg）；V 为已换算成标准状态下（101.325 kPa、273 K）的采样体积（m^3）。

二、β 射线吸收法

（一）原理

β 射线吸收法是根据颗粒物对 β 射线的吸收强度进行分析，颗粒物吸附在滤纸带表面后，盖革计数器通过测量采样前后 β 射线强度变化，来计算吸附的颗粒物的浓度。其具体方法是气样被采样泵吸入采样管，气样中的颗粒物被截留在滤膜上，当 β 射线通过滤膜时，颗粒物的吸收会导致 β 射线能量衰减，通过 β 射线的衰减量与颗粒物质量的增加量的关系，计算颗粒物的质量浓度。

（二）仪器

β 射线吸收法 $PM_{2.5}$颗粒物监测仪由 $PM_{2.5}$采样头、$PM_{2.5}$切割器、样品动态加热系统、采样泵和仪器主机组成。β 射线吸收法 $PM_{2.5}$颗粒物监测仪可以分为步进式 β 射线吸收法 $PM_{2.5}$颗粒物监测仪和连续式 β 射线吸收法 $PM_{2.5}$颗粒物监测仪。

（1）步进式 β 射线吸收法 $PM_{2.5}$颗粒物监测仪　该监测仪的采样室和传感器在不同的位置，滤膜需要在 2 个位置来回移动。其样品采集和分析是在不同的时段进行，仪器在采样结束后才进行测量，从而得到采样时段的颗粒物平均浓度。如果需要得到小时平均数据时，每 1 小时就要使用一段滤膜。在一般环境条件下，一卷滤膜使用时长约为 2 个月。

（2）连续式 β 射线吸收法 $PM_{2.5}$颗粒物监测仪　该仪器的测量室和采样室是叠加在一起的。β 射线传感器实时测量采集到的颗粒物，样品滤膜不需要在分开布置的测量室和采样室之间来回移动，所以不会给样品带来损失，从而保证了颗粒物连续实时的测量。

目前，按照 β 射线吸收法设计的采样设备有美国 METONE 的 BAM-1020 粒子监测器、5014i β 射线法颗粒物监测仪等。

三、微量振荡天平法

（一）原理

微量振荡天平法是在质量传感器内使用一个振荡空心锥形管，在其振荡端安装可更换的滤膜。其振荡频率取决于锥形管特征及其质量。当采样气流通过滤膜时,其中的颗粒物沉积在滤膜上,滤膜的质量变化导致振荡频率的变化。通过振荡频率的变化,计算沉积在滤膜上颗粒物的质量,再根据流量、现场环境温度和气压计算出该时段颗粒物的质量浓度。

(二)仪器

微量振荡天平法颗粒物监测仪由 PM_{10} 采样头、$PM_{2.5}$ 切割器、滤膜动态测量系统、采样泵和仪器主机组成。

目前,按照微量振荡天平法设计的采样设备有"赛默飞世尔"的1405型振荡天平法颗粒物监测仪、TH-2000Z1振荡天平法颗粒物监测仪等。

四、光散射法

光散射法分为计算法和自动测量法2种。

(一)计算法

1. 原理

当光照射在空气中悬浮的颗粒物上时,产生散射光。在颗粒性物质一定的条件下,颗粒物的散射光强度与其质量浓度成正比。通过测量散射光强度,应用质量浓度转换系数 K,求得颗粒物质量浓度。

2. 仪器

动静态激光光散射仪测量范围为0.01～100 mg/m³;低浓度场所为0.001～10 mg/m³。检测灵敏度(相对校正粒子)为1 CPM=0.01 mg/m³;低浓度场所为1 CPM=0.001 mg/m³。测定精度为±10%(相对校正粒子)。

注:校正粒子平均粒径0.3 μm,几何标准偏差 $\sigma \leqslant 1.25$ 的硬脂酸粒子;平均粒径0.6 μm,几何标准偏差 $\sigma \leqslant 1.25$ 的聚苯乙烯粒子。CPM表示计数/分。

3. 结果计算

已知当质量浓度的转换系数 K 时,其质量浓度可按下式计算。

$$c=(R-B)\times K$$

式中:c 为质量浓度(mg/m³);R 为仪器测量值(计数/分,CPM);B 为仪器基底值(计数/分,CPM);K 为质量浓度转换系数[mg/(m³·CPM)]。质量浓度转换系数 K 值见表2-3。

表2-3 质量浓度转换系数 K 值 mg/(m³·CPM)

场所	可见光光散射数字粉尘仪 K_1		激光光散射数字粉尘仪 K_2	
	范围	建议值	范围	建议值
密闭空调房间	0.013～0.015	0.014	0.000 7～0.001 1	0.001
一般公共场所	0.016～0.021	0.02	0.000 7～0.001 1	0.001

(二)自动测量法

1. 原理

LD-5C型仪器是根据光散射原理设计的带滤膜在线采样器的微电脑激光粉仪。含尘空气由采样口吸入,经可更换切割器(PM_{10}、PM_5 或 $PM_{2.5}$)分离,除去粗大粒子,进入检测器暗室,暗室中的粉尘在激光照射下产生散射光,经前向接受并转换成与散射光强度及粉尘浓度成正比的每分钟脉冲计数，最后通过仪器的微处理器计算出粉尘质量浓度 c（mg/m^3）。

2. 仪器

LD-5C 型微电脑激光粉尘仪。LD-5C 型微电脑激光粉尘仪的外观见图 2-1。

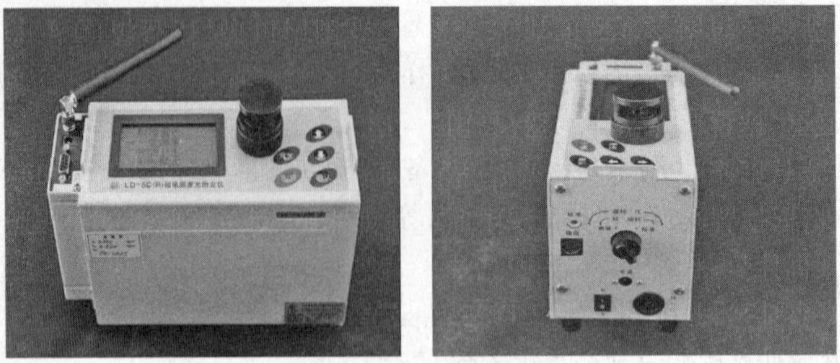

图 2-1 LD-5C 型微电脑激光粉尘仪

3. 测定步骤

(1)手动测量 可循环储存 99 组数据。

①开机，进入“校准模式，将“测量-校准”切换钮旋至“校准”位置。

②对照校准值(S 值)，若误差大于 2%，则用专用小改锥插入校准孔，进行测量校准。

③将“测量-校准”切换钮旋至“测量”位置，按“确认”键退出。

④进入“一般测量”模式，按“确认”键后进入下一界面，选择“采样时间”，按“确认”键后即可选择“采样时间”，采样时间可选择 0.1 min、1 min 或自动设定 1～999 min。

⑤在确认好“采样时间”后，进入 K 值选择：低精度的 K 值选定在 0.01，而高精度的 K 值选定在 0.001，选择好后按“确认”即可。

⑥在测量结束后，进入“数据回放”，按“确认”键，屏幕上即可显示所测定的结果。

⑦按“确认”键后，屏幕显示“是否清楚全部数据”，选择“否”即可进行下一次测量，选择“是”就清除全部数据。

(2)自动测量

①开机和校准的步骤同前。

②进入“连续监测”模式，按“确认”键进入“设置”；按“向上、向下”键选择设置参数，包括测量时间、待机时间(即 2 次抽样的时间间隔)、采样次数和 K 值设定。

③设定好测量参数后，即可按“向下”键，进入测量状态，按“确认”键后即可开始测量。测量过程中屏幕显示“正在测量”，测量结束时屏幕显示“测量结束”，按“确认”键返回。

实验五 颗粒物 PM_{10} 的测定

颗粒物 PM_{10} 是指悬浮在空气中的空气动力学直径小于或等于 10 μm 的颗粒物，也称之为可吸入颗粒物。目前，广泛采用的 PM_{10} 测定方法有 3 种：重量法、β 射线吸收法、微量振荡天平法和光散射法。下面介绍采用重量法测定空气中 PM_{10} 的浓度。

一、原理

重量法测量 PM_{10} 浓度普遍采用大流量采样器。其原理为采样泵抽取一定体积的空气进入切割器，使环境空气中 PM_{10} 被截留在已知质量的滤膜上。根据采样前后滤膜的质量差及采样体积，计算出 PM_{10} 的浓度。

二、仪器

（一）PM_{10} 切割器、采样系统

切割粒径＝(10±0.5)μm；捕集效率的几何标准差为 σ_g＝(1.5±0.1)μm。目前按照质量法设计的采样设备较多，如中国生产的 TH-150 型智能中流量颗粒物采样器、四通道 PM_{10} 采样器(PR2300)、美国 URG 公司生产的通用型大气污染物采样仪(UGR-3000k)、德国 GRIMM 分析仪等。这些采样器利用 Teflon 膜或 PTEE 滤膜对 PM_{10} 进行采样，再采用重量法计算颗粒物质量浓度。

（二）采样器孔口流量计

(1)大流量流量计　量程为 0.8～1.4 L/min；误差≤2%。

(2)中流量流量计　量程为 60～125 L/min；误差≤2%。

(3)小流量流量计　量程＜30 L/min；误差≤2%。

（三）滤膜

根据样品采集目的可选用玻璃纤维滤膜、石英滤膜等无机滤膜或聚氯乙烯、聚丙烯、混合纤维等有机滤膜。滤膜对 0.3 μm 标准粒子的截留效率不低于 99%。空白滤膜进行平衡处理至恒重，称量后放入干燥器备用。

（四）分析天平

感量 0.1 mg 或者 0.01 mg。

（五）恒温恒湿箱

箱内空气温度为 15～30 ℃可调，控温精度为±1 ℃。箱内空气湿度应控制在(50±5)%，恒温恒湿箱可连续工作。

（六）干燥器

内盛变色硅胶。

三、样品采集及保存

在采样时，将已称重的滤膜用镊子放入洁净采样夹内的滤网上，滤膜毛面应朝进气方向。将滤膜牢固压紧至不漏气。如果测定任意一次浓度，每次需更换滤膜；如测日平均浓度，样品可采集在一张滤膜上。在采样结束后，用镊子取出。将有尘面两次对折，放入样品盒或纸袋，并做好采样记录。在滤膜采集后，如不能立即称重，应在 4 ℃的温度下冷藏保存。

四、测定步骤

将滤膜放在恒温恒湿箱中平衡 24 h。其平衡条件为：温度取 15～30 ℃中任何一点，相对

湿度控制为45%～55%，记录平衡温度与湿度。在上述平衡条件下，用感量为0.1 mg或0.01 mg的分析天平称量滤膜，记录滤膜质量。同一滤膜在恒温恒湿箱中的相同条件下再平衡1 h后，称重。颗粒物PM_{10}颗粒物的样品滤膜的2次质量之差分别小于0.4 mg或0.04 mg为满足恒重要求。

五、结果计算

PM_{10}质量浓度按下式计算。

$$\rho=\frac{W_2-W_1}{V}\times 1\ 000$$

式中：ρ为PM_{10}浓度（mg/m^3）；W_2为采样后滤膜的质量（mg）；W_1为空白滤膜的质量（mg）；V为已换算成标准状态下（101.325 kPa，273 K）的采样体积（m^3）。

结果表示：保留3位有效数字，小数点后数字可保留到第3位。

实验六　总悬浮颗粒物的测定

总悬浮颗粒物（total suspended particulate，TSP）指能悬浮在空气中的空气动力学直径小于或等于100 μm的颗粒物。目前，广泛采用的测定方法有4种：重量法、β射线吸收法、微量振荡天平法和光散射法。下面介绍采用重量法测定空气中TSP的含量。

一、原理

测定方法借助具有一定切割特性的采样器，以恒定速度抽取一定体积的空气，空气中粒径小于100 μm的悬浮颗粒物被截留在已恒重的滤膜上，根据采样前后滤膜质量之差及采样体积，可计算总悬浮颗粒物的质量浓度。滤膜经处理后，也可进行颗粒物组分分析。

二、仪器

（1）ZWC-100A智能中流量大气采样器：流量范围为80～120 L/min。

（2）滤膜。

（3）分析天平（感量0.1 mg）。

（4）温度计。

（5）气压计。

三、测定步骤

（一）滤膜准备

滤膜在使用前需用光照检查，不得使用有针孔或有任何缺陷的滤膜。滤膜放入专用袋中，在干燥器内放置24 h，迅速称量，读数准确到0.1 mg，记下滤膜的编号和质量。放回干燥器内1 h后再次称重，二次称量之差不大于0.4 mg即为恒重，装入专用袋内备用。采样前，滤膜不能弯曲或折叠。

(二)采样

在采样时,将已恒重的滤膜用镊子取出,“毛”面向上,平放在采样头的网板上(网板上事先用纸擦净),放上滤膜夹,拧紧采样器顶盖,然后开机采样,调节采样流量为 100 L/min。采样后,用镊子将已采样滤膜“毛”面向里,对折两次成扇形放回专用袋记下采样日期和采样地点,记录采样期的温度、压力。滤膜纸袋放入干燥器内,按滤膜准备,再次称至恒重。

四、结果计算

总悬浮颗粒物含量(mg/m^3)的计算公式如下。

$$总悬浮颗粒物含量=\frac{W}{Q_n \times t}$$

式中:W 为截留在滤膜上的总悬浮颗粒物质量(mg);t 为采样时间(min);Q_n 为标准状态下的采样流量(m^3/min)。

$$Q_n = 2.69 \times Q_2 \sqrt{\frac{P_2 \times P_3}{T_2 \times T_3}}$$

式中:Q_2 为现场采样表观流量(m^3/min);P_2 为采样器现场校准时的大气压力(kPa);P_3 为采样时的大气压力(kPa);T_2 为采样器现场校准时空气温度(K);T_3 为采样时的空气温度(K)。

若 T_3、P_3 与采样器现场校准时的 T_2、P_2 相近,可用 T_2、P_2 代之。

第三章

光声环境指标的测定

实验目标

• 了解光照度、紫外线照度、畜舍采光和噪声测定仪器的工作原理，熟练仪器的使用方法。

• 掌握畜舍照度、紫外线照度、畜舍采光和噪声测定和计算方法，为畜舍光、声环境的评价和研究测定打基础。

实验一　光照度的测定

一、原理

照度计是利用光敏半导体元件的物理光电现象制成的。当外来光线照射到硒光电池（光电元件）后，硒光电池将光能转变为电能，通过电流表示出光的照度值。

二、仪器

照度计的选择和使用应符合 JJG 245—2005 光照度计。

（1）照度计量程　照度计量程下限不大于 1 lx，上限在 5 000 lx 以上；指针式照度计示值误差不超过满量的±8％；年变化率不超过 5％；

（2）接收器的疲劳特性　照度计示值为满量程的 2/3 以上，照射 2 min 后的示值与在此照度下再继续照射 10 min 的示值之比的相对变化不得超过±3％；

（3）示值的再现性　在恒定照度下，照度计的指示值与遮盖 30 min 后再曝光的指示值的相对变化不大于 2％。照度计每使用 2 年要经二级计量部门检定 1 次。

三、测定步骤

（一）测定点的确定

（1）整体照明　在无特殊要求的时候，测定面的高度应为地面以上的 80～90 cm。一般以每 100 米^{2} 布 10 个点为宜。

(2)局部照明　在场所狭小或因特殊需要的局部照明的情况下,也可测量其中有代表性的一点。在有些情况下,测定点是局部照明和整体照明兼用的,所以整体照明的灯光在测定时是开着,还是关闭,则要根据实际情况合理选择,并在测定结果中注明。

(二)注意事项

在测定开始前,白炽灯至少开 5 min,气体放电灯至少开 30 min。为了使受光器不产生初始效应,在测量前至少曝光 5 min。受光器上必须洁净无尘。在测定时,受光器一律水平放置于测定面上。测定者的位置和服装不能影响测定结果。

实验二　紫外线照度的测定

紫外线照射杀菌是用于空气、物体表面消毒的一种简便有效的做法,也是养殖场环境消毒的有力措施之一。但是紫外线杀菌灯具由于制造、使用方法和使用寿命等,易造成紫外线辐照强度不够,达不到规定的消毒效果。为了确保紫外线灯发挥出最好的杀菌效果,根据《消毒技术规范》,应该对使用中及新灯管进行紫外线辐照强度测定,这也是一种对紫外线辐射强度和消毒效果进行常规监测的行之有效的方法。

紫外线辐射照度是以 253.7 nm 为主波长的紫外线辐射照度,单位为 $\mu W/cm^2$。采用紫外线辐射照度计检测紫外线消毒器辐射强度是最直接简单的方法,并且由其测量的数据准确。

一、原理

紫外线辐射照度计工作原理是光电池把光能直接转换成电能的光电元件。当光线射到硒光电池表面时,入射光透过金属薄膜到达半导体硒层和金属薄膜的分界面上,在界面上产生光电效应。产生电位差的大小与光电池受光表面上的照度有一定的比例关系。此时,如果接上外电路,就会有电流通过,电流值从以勒克斯(lx)为刻度的微安表上指示出来。光电流的大小取决于入射光的强弱和回路中的电阻。照度计有变挡装置,可以测高照度,也可以测低照度。

二、仪器

(1)紫外线照度计　在实验及生产中可以选购各类型紫外照度计,应符合 JJG 879—2015 紫外辐射照度计即可,仪器的使用方法参看说明书。

(2)防护装备　紫外防护眼镜、防护服。

(3)紫外线灯　选用紫外线辐射峰值波长为 253.7 nm 的双端、单端或白镇流灯。

三、测定步骤

(1)将受试灯管固定在光轨道上,按灯的特性点燃(亮)。当灯中部的水平法线通过紫外线辐射照度计探头燃点时,发光面垂直于光轨并与紫外线辐射照度计探头接受面平行。

(2)将紫外线辐射照度计安装在光轨上,照度计的接受平面的法线与被测灯管中部的水平法线相重合。

(3)调节紫外线辐射照度计的位置,紫外线辐射照度计的接受表面距被测灯管表面的距离为(1 000±1)mm。

(4)接通受试灯管的电源,灯正常点燃,并预热 20 min。

(5)待灯稳定后,打开紫外线辐射照度计,按使用说明,读取紫外线辐射照度计的读数。

四、紫外线灯辐射照度值

将实验中测定照度值与标准值进行比对,分析紫外线灯的辐射照度是否符合要求。紫外线灯的辐射照度参考值见表 3-1 和表 3-2。

表 3-1　双端紫外线灯辐射照度

标称功率/W	4	6	8	13	15	18	30	36
紫外线灯辐射照度/($\mu W/cm^2$)	11	17	22	35	50	62	100	135

表 3-2　单端紫外线灯辐射照度

标称功率/W	7	9	11	18	24	36	55(T5)
紫外线灯辐射照度/($\mu W/cm^2$)	18	28	40	52	100	150	185

五、注意事项

(1)在测试紫外线时,请戴好紫外线防护眼镜,穿好防护服。在任何情况下,不能直接裸眼观察紫外线,在紫外线下减少裸露的皮肤面积和照射时间,以防灼伤。

(2)紫外线测试仪器为精密仪器,需要防震、防尘、防水保存。在使用中,注意轻拿轻放。

实验三　声级的测定

一、原理

声级计是声音测量中最基本的仪器,常用于噪声的测定。声级计的工作原理是模拟人耳对等响曲线的响应,由传声器将声音转换成电信号,再由前置放大器变换阻抗,使传声器与衰减器匹配。放大器将输出信号加到计权网络,对信号进行频率计权(或外接滤波器),然后再经衰减器及放大器将信号放大到一定的幅值,送到有效值检波器(或外接记录仪),在指示表头上给出声级的数值。

二、仪器

A 声级计是用 A 计权网络测得的声压级,用 L_A 表示,单位为 dB。声级计分为精密声级计(误差为±1 dB)或普通声级计(误差为±3 dB),应符合 JJG 655—1990 噪声剂量计的规范要求。在仪器使用前,应按规定进行校准,检查电池电压。在测量后,要求复校一次,前后灵敏度不大于 2 dB。如有条件,可使用录音机、记录器等。

三、测定步骤

(1)每个圈舍悬着 1～3 个测点。每隔 5 s 记一个瞬时 A 声级，连续记录 100 个数据。

声级计可以手持或固定在三脚架上，传声器离地面高 1.2 m。室内测定，要求传声器与墙壁的距离大于 1 m，与地面距离仍保持 1.2 m 左右；当在室外测定时，选择无风天气，要求传声器与大的反射物的距离大于 3.5 m，与地面距离仍保持 1.2 m 左右；当测点附近有固定声源或交通噪声干扰时，应加以说明。

(2)在读数时，稳态与似稳态噪声用快挡读取指示值或平均值；周期性变化噪声用慢挡读取最大值并同时记录其时间变化特性；脉冲噪声读取峰和脉冲保持值；无规则变化噪声用慢挡，每隔 5 s 读一个瞬时 A 声级，每个测量点要连续读取 100 个数据代表该点的噪声分布。

四、数据处理

(1)测数据一般直接由声级计或其他测量仪器读出。读数的方法为每隔 5 s 读一个瞬时 A 声级，每个测量点要连续读取若干个数据值，记录测量数据，读数时还应判断主要噪声来源。

(2)累积百分声级 L_{10}、L_{50}、L_{90}。累积百分声级 L_n 的计算方法为将在规定时间内测得的所有瞬时 A 声级数据(例如，100 个数据)，按声级的大小顺序排列并编号(由大到小)，则第 1 个值 L_1 就是最大值。第 10 个值 L_{10} 表示在规定时间内有 10% 的时间的声级超过此声级，即相当于在规定时间内噪声的平均峰值；L_{50} 为第 50 个规定时间内噪声的平均值；第 90 个值 L_{90}，表示在规定时间内有 90% 的时间的声级超过此声级，它相当于规定时间内噪声的背景值。

实验四　畜舍采光指标的测定

一、采光系数的测定

采光系数是指窗户有效采光面积和舍内地面有效面积之比(表示为 1∶X)，即以窗户所镶玻璃面积为 1，求得其比值。

(一)原理

用直尺精确测量采光口的有效采光面积(含双侧采光)和室内地面面积，求出两者之比。采光系数未考虑当地气候、采光口的朝向和前排建筑物的遮光影响，因此，它只是评价自然采光的一个概略指标。

(二)仪器

直尺(皮尺、卷尺)：最小刻度为 1 mm。

(三)测定步骤

1. 精确测量

用直尺逐一测量建筑物内每块玻璃的长、宽(双层窗只测量一层,不要把窗框计算在内)该室地面的长、宽(包括物品所占面积),将其记录下来。

2. 粗略测量

用直尺逐一测量建筑物内每个窗户的长、宽(包括窗框在内)及该室地面的长、宽(包括物品所占面积),并将其记录下来。

(四)结果计算

1. 精确测量按下式计算采光系数

$$K=\frac{\sum_{i=1}^{n}a_i \cdot b_i}{A \cdot B}$$

式中:K 为采光系数;a_i 为第 i 块玻璃的长(m);b_i 为第 i 块玻璃的宽(m);A 为室内地面长(m);B 为室内地面宽(m);n 为室内玻璃总数(块);i 为取 1,2,3,…,n。

2. 粗略测量按下式计算采光系数

$$K=\frac{0.8\sum_{i=1}^{n}a_i \cdot b_i}{A \cdot B}$$

式中:K 为采光系数;a_i 为第 i 个窗户的长(m);b_i 为第 i 个窗户的宽(m);A 为室内地面长(m);B 为室内地面的宽(m);0.8 为玻璃面积与窗面积的比值;n 为室内窗户总数(个);i 为取 1,2,3,…,n。

(五)注意事项

(1)采光面积只计窗户透光的玻璃,不计窗框。

(2)畜舍内地面的有效面积不计门和外面的运动场,但包括除粪道及喂饲道的面积。

(3)采光系数是衡量采光性能的一个主要指标,但只能说明采光面积而不能说明窗户的高低和采光程度。因为窗户的形状对采光也有影响(窗户高,采光更好),所以要进一步测定入射角和透光角。

(4)窗户面积越大,采光越好,但不利于保温。为考虑防寒作用,不同畜舍的采光系数不同。

二、入射角和透光角的测定

(一)入射角的测定

入射角指窗户上缘与畜舍地面中央一点的连线,和地平线形成的夹角,如图 3-1 所示,即∠BAD。

入射角越大,越有利于采光。受畜舍径高的影响,入射角也不能过大。在测定时,先测量 BD 长度 H_1,即窗户上缘高度,AD 长度 S_1,[其长度为畜舍宽(含外墙厚度)的 1/2],然后根据 tg∠BAD=H_1/S_1,算出 H_1/S_1 的数值。利用反三角函数,算出∠BAD 的角度。为了保证畜舍采光性能好,一般入射角要≥25°。

入射角只能说明窗户的上缘高度，所以要进一步测定透光角。

(二)透光角的测定

透光角是指窗户上缘、下缘分别与畜舍地面中央一点连线所形成的夹角，如图 3-1 所示，即∠BAC。在求透光角时，先按上述方法求出∠CAD，然后用∠BAD－∠CAD，即求得透光角∠BAC。为了保证畜舍采光性能好和能够防寒，一般透光角要≥5°。

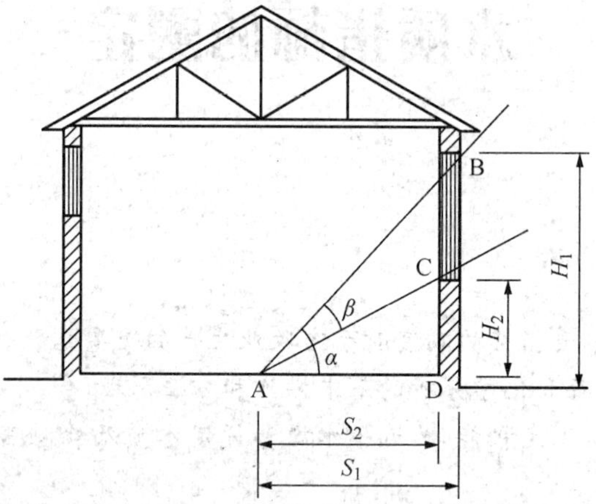

A. 地面中线一点；B. 窗户上缘（外）；C. 窗户下缘（内）；D. 外墙（内）。

图 3-1 入射角、透光角

第四章

水质指标的测定

实验目标

• 理解水源水质及水质指标的测定对于畜牧业生产的重要意义。

• 掌握水的采样、保存和化学分析的基本操作和方法原理。

• 熟练运用水质指标测定机能，为选择水源和评定水质及检测畜牧场对周边地区水体的污染打好基础。

实验一　酸碱度的测定

一、pH 电位计法

(一)原理

酸碱度是水质的常用评价指标，通常用 pH 表示。pH 是水中氢离子活度倒数的对数值。水的 pH 可用 pH 电位计法和比色法测定。pH 电位计法比较准确。

以玻璃电极为指示电极，饱和甘汞电极为参比电极，插入溶液中组成原电池。当温度为 25 ℃时，每单位 pH 标度相当于 59.1 mV 电动势变化值，在仪器上直接以 pH 的读数表示。仪器上有温度差异的补偿装置。pH 电位计原理如图 4-1 所示。

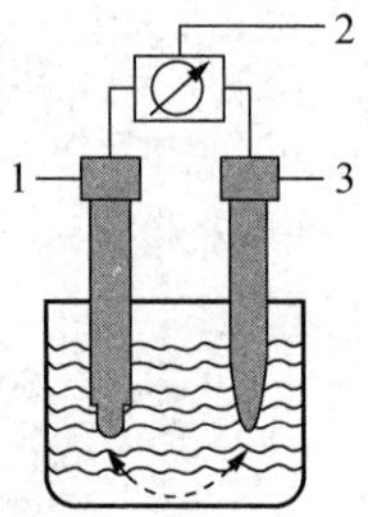

1. 指示电极；
2. 电位计；
3. 参比电极。

图 4-1　pH 电位计原理

(二)仪器

精密酸度计。

(三)试剂

下列标准缓冲溶液均须用新煮沸并放冷的纯水配制。配成的溶液应贮存在聚乙烯瓶或硬质玻璃瓶内。此类溶液可以稳定 1～2 个月。

1. pH 标准缓冲溶液甲

称取 10.21 g 在 105 ℃烘干 2 h 的邻苯二甲酸氢钾（$KHC_8H_4O_4$），

溶于纯水中，并稀释至 1 000 mL，此溶液的 pH 在 20 ℃时为 4.00。

2. pH 标准缓冲溶液乙

称取 3.40 g 在 105 ℃烘干 2 h 的磷酸二氢钾（KH_2PO_4）和 3.55 g 磷酸氢二钠（Na_2HPO_4），溶于纯水中，并稀释至 1 000 mL。此溶液的 pH 在 20 ℃时为 6.88。

3. pH 标准缓冲溶液丙

称取 3.81 g 硼酸钠（$Na_2B_4O_7 \cdot 10H_2O$），溶于纯水中，并稀释至 1 000 mL。此溶液的 pH 在 20 ℃时为 9.22。3 种标准缓冲溶液的 pH 随温度而稍有差异（表 4-1）。

二维码 4-1 精密酸度计外观

表 4-1 pH 标准缓冲溶液的标准值

温度/℃	pH 标准缓冲溶液		
	甲	乙	丙
0	4.00	6.98	9.46
5	4.00	6.95	9.40
10	4.00	6.92	9.33
15	4.00	6.90	9.28
20	4.00	6.88	9.22
25	4.01	6.86	9.18
30	4.02	6.85	9.14
35	4.02	6.84	9.10
40	4.04	6.84	9.07

（四）水样的采集和处理

采集足够满足进行水质分析的、均匀、有代表性以及不改变其理化特性的水样，将采集好的样品贮存在聚乙烯瓶或硬质玻璃瓶中，pH 测定最好现场测定，如有必要应在 4 ℃的温度下保存，并在 6 h 内完成检测。

（五）测定步骤

（1）玻璃电极在使用前应放入纯水中浸泡 24 h 以上。

（2）用 pH 标准缓冲溶液甲丙检查仪器和电极必须正常。

（3）用接近于水样 pH 的标准缓冲溶液校正仪器刻度。

（4）用洗瓶以纯水缓缓淋洗两电极数次，再以水样淋洗 6～8 次，然后插入水样中，1 min 后直接从仪器上读出 pH。

注：甘汞电极内为氯化钾的饱和溶液，当室温升高后，该溶液可能由饱和状态变为不饱和状态，故应保持一定量的氯化钾晶体。

二、pH 试纸法

使用广域 pH 试纸（pH 范围为 1～12）或精密 pH 试纸（pH 范围为 5.5～9.0）与标准色板对照，即可测定出水样 pH。该方法简易，但准确度较差。

实验二　总硬度的测定

一、原理

水的硬度原系指沉淀肥皂的程度。在一般情况下，除钙、镁离子以外，其他沉淀肥皂的金属离子（铁、铝、锰、锶及锌等）浓度都很低，所以多采用乙二胺四乙酸二钠（$C_{10}H_{14}N_2Na_2O_8$，简称 EDTA-2Na）容量滴定法测定钙、镁离子的总量，并经过换算，以每升水中碳酸钙的毫克数表示。

乙二胺四乙酸二钠在 pH 为 10 的条件下与水中的钙、镁离子生成无色可溶性络合物，指示剂铬黑 T 则与钙、镁离子生成紫红色络合物。用 EDTA-2Na 滴定钙、镁离子至终点时，钙、镁离子全部与 EDTA-2Na 络合而使铬黑 T 游离溶液即由紫红色变为蓝色。

二、仪器

125 mL 三角瓶、10 或 25 mL 滴定管。

三、试剂

（一）0.01 mol/L 乙二胺四乙酸二钠标准溶液

称取 3.72 g 乙二胺四乙酸二钠，溶于纯水中，并稀释至 1 000 mL。

（二）锌标准溶液

准确称取 0.6～0.8 g 的锌粒，溶于 1∶1 盐酸中，置于温水浴上直至完全溶解。移入容量瓶中，定容至 1 000 mL。按下列公式计算。

$$m_1 = \frac{W}{M}$$

式中：m_1 为锌标准溶液的浓度（mol/L）；W 为锌的质量（g）；M 为锌的原子量，其值是 65.39。

（三）滴定

吸取 25 mL 锌标准溶液于 150 mL 三角瓶中，加入 25 mL 纯水，加氨水调至近中性，再加 2 mL 缓冲溶液及 5 滴铬黑 T 指示剂，用 EDTA-2Na 溶液滴定至溶液由紫红色变为蓝色。按下列公式计算。

$$M_2 = \frac{m_1 V_1}{V_2}$$

式中：M_2 为 EDTA-2Na 溶液的浓度（mol/L）；m_1 为锌标准溶液的浓度（mol/L）；V_1 为锌标准

溶液体积(mL)；V_2 为 EDTA-2Na 溶液体积(mL)。

(四)校正

校正 EDTA-2Na 溶液的浓度为 0.010 0 mol/L。

(五)缓冲溶液(pH 10)

(1)称取 16.9 g 氯化铵(NH_4Cl)，溶于 143 mL 浓氢氧化铵中。

(2)称取 0.780 g 硫酸镁($MgSO_4 \cdot 7H_2O$)及 1.178 g 乙二胺四乙酸二钠溶于 50 mL 纯水中，加入 2 mL 上述氯化铵、氢氧化铵溶液和 5 滴铬黑 T 指示剂(此时的溶液应呈紫红色，若为天蓝色，应再加极少量硫酸镁，使其呈紫红色)。用 EDTA-2Na 溶液滴定，至溶液由紫红色变为天蓝色，合并(1)及(2)2 种溶液，并用纯水稀释至 250 mL，如溶液又变为紫色，在计算结果时应扣除试剂空白。

注：①氢氧化铵-氯化铵缓冲液应贮存于聚乙烯瓶或硬质玻璃中，以防止使用中因反复开盖，使氨水浓度降低而影响 pH。②在配制缓冲溶液时，加入乙二胺四乙酸镁(EDTA-Mg)是为了使某些含镁较低的水样滴定终点更敏锐。如果备有市售 EDTA-Mg 试剂，就可直接取 1.25 g EDTA-Mg 配入 250 mL 缓冲溶液中。③在 EDTA-2Na 滴定钙、镁离子时，以铬黑 T 为指示剂，其溶液在 pH 9.7 ～ 11 的范围内，越偏碱，终点越敏锐，但是可使碳酸钙及氢氧化镁沉淀，造成滴定误差，因此，滴定选用 pH 10 为宜。

(六)铬黑 T 指示剂

称取 0.5 g 铬黑 T($C_{20}H_{12}O_7N_3SNa$)，用 95%乙醇溶解并稀释至 100 mL，置于冰箱中保存，可稳定 1 个月。

(七)固体指示剂

称取 0.5 g 铬黑 T，加 100 g 氯化钠，研磨均匀，贮于棕色瓶内，密塞备用，可较长期保存。

注：铬黑 T 指示剂配成溶液后较易失效。如果在滴定时终点不敏锐，而且加入掩蔽剂后仍不能改善，则应重新配制指示剂。

(八)5%硫化钠溶液

称取 5.0 g 硫化钠($Na_2S \cdot 9H_2O$)溶于纯水中，并稀释至 100 mL。

(九)1.0%盐酸羟胺溶液

称取 1.0 g 盐酸羟胺($NH_2OH \cdot HCl$)，溶于纯水中，并稀释至 100 mL。

四、水样的采集和处理

采集足够满足进行水质分析的、均匀、有代表性以及不改变其理化特性的水样，将采集好的样品贮存在聚乙烯瓶或硬质玻璃瓶中。如有必要，硬度的测定可加硝酸至 pH＜2。

五、测定步骤

(1)吸取 50 mL 水样(若硬度过大，可少取水样用水样稀释至 50 mL。若硬度过小，改取 100 mL)，置于 150 mL 三角瓶中。

注：为防止碳酸钙及氢氧化镁在碱性溶液中沉淀，滴定时水样中的钙、镁离子含量不能过多，若取 50 mL 水样，所消耗的 0.01 mol/L EDTA-2Na 溶液体积应少于 15 mL。

(2)若水样中含有金属干扰离子,滴定终点被延迟或颜色发暗,可另取水样,加入 0.5 mL 盐酸羟胺溶液及 1 mL 硫化钠溶液。

(3)加入 1～2 mL 缓冲溶液及 5 滴铬黑 T 指示剂(或一小勺固体指示剂),立即用 EDTA-2Na 标准溶液滴定,充分振摇,至溶液由紫红色变为蓝色,即表示到达终点。

六、结果计算

总硬度测定的计算公式如下。

$$C = V_1 \times 0.010\,0 \times 100.09/1\,000 \times 1\,000 \times 1\,000/V_2 = V_1 \times 1\,000.9/V_2$$

式中:C 为水样的总硬度($CaCO_3$)(mg/L);V_1 为 EDTA-2Na 溶液的消耗量(mL);V_2 为水样体积(mL)。

实验三 氯化物的测定

一、原理

氯化物几乎存在于所有的饮用水中。常用的饮用水中氯化物的测定方法有硝酸银滴定法及硝酸汞滴定法。硝酸银滴定法操作简单,但终点不甚明显;硝酸汞滴定法终点敏锐,但测定要求严格控制 pH。本实验选择硝酸银滴定法(GB/T 11896—1989 水质 氯化物的测定 硝酸银滴定法)。

硝酸银与氯化物作用生成氯化银沉淀。当有多余的硝酸银存在时,则与铬酸钾指示剂反应,生成红色铬酸银沉淀,指示反应达到终点。

$$NaCl + AgNO_3 \rightarrow AgCl \downarrow + NaNO_3$$

$$2AgNO_3 + K_2CrO_4 \rightarrow Ag_2CrO_4 \downarrow + 2KNO_3$$

二、试剂

(一)氯化钠标准溶液

将氯化钠(NaCl)置于坩埚内,于 700 ℃灼烧 1 h。冷却后称取 8.2420 g 溶于纯水并定容至 1 000 mL。吸取 10.0 mL,用纯水准确定容至 100 mL,此溶液 1.00 mL 含 0.500 mg 氯化物。

(二)硝酸银标准溶液

称取 2.4 g 硝酸银($AgNO_3$),溶于纯水并定容至 1 000 mL,用氯化钠标准溶液进行标定。吸取 25.00 mL 氯化钠标准溶液,置于瓷蒸发皿内。加纯水 25 mL。另取一瓷蒸发皿,加 50 mL 纯水作为空白。各加入 1 mL 铬酸钾溶液,用硝酸银标准溶液滴定。同时用玻璃棒不停地搅拌,直到产生淡橘黄色为止。每毫升硝酸银相当于氯化物(Cl^-)的毫克数可由下列公式表示。

$$W=\frac{25\times 0.500}{(V_2-V_1)}$$

式中：W 为每毫升硝酸银相当于氯化物（Cl^-）量（mg）；V_1 为空白消耗的硝酸银标准溶液量（mL）；V_2 为氯化钠标准溶液消耗的硝酸银标准溶液量（mL）。

注：校正硝酸银标准溶液浓度，使 1.00 mL 相当于 0.500 mg 氯化物（Cl^-）。

（三）铬酸钾溶液

称取 5 g 铬酸钾（K_2CrO_4），溶于少量纯水中。加入硝酸银溶液至红色不褪，混匀，放置过夜后过滤。将滤液用纯水稀释至 100 mL。

（四）氢氧化铝悬浮液

称取 125 g 硫酸铝钾[$KAl(SO_4)_2\cdot 12H_2O$]或硫酸铝铵[NH_4Al-$(SO_4)_2\cdot 12H_2O$]，溶于 1 000 mL 纯水中，加热至 60 ℃，慢慢加入 55 mL 浓氨水，生成氢氧化铝沉淀。充分搅拌后，静置，弃去上清液。反复用纯水洗涤沉淀至倾出液无氯离子（用硝酸银检定）为止。最后加入 300 mL 纯水成悬浮液。使用前，振荡均匀。

（五）酚酞指示剂

称取 0.5 g 酚酞，溶于 50 mL 95%乙醇中，加入 50 mL 纯水，再滴加 0.05 mol/L 氢氧化钠溶液，使溶液呈微红色。

（六）0.025 mol/L 硫酸溶液

吸取 1.4 mL 浓硫酸，加入纯水中，并稀释至 1 000 mL。

（七）0.05 mol/L 氢氧化钠溶液

称取 0.2 g 氢氧化钠，溶于纯水并稀释至 100 mL。

（八）过氧化氢

30%过氧化氢。

三、测定步骤

（1）水样的预处理。如水样带有颜色，则取 150 mL 水样，置于 250 mL 三角瓶内。加入 2 mL 氢氧化铝悬浮液，振荡均匀，过滤，弃去最初滤下的 20 mL。

如水样含有亚硫酸盐和硫化物，则加氢氧化钠溶液，将水样调节至中性或弱碱性，加入 1 mL 30%过氧化氢，搅拌均匀。

如水样的耗氧量超过 15 mg/L，可加入少许高锰酸钾晶体，煮沸。加入数滴乙醇以除去多余的高锰酸钾，然后过滤。

（2）取 50 mL 原水样或经过处理的水样（若氯化物含量高可取适量水样，用纯水稀释至 50 mL），置于瓷蒸发皿内，另取一瓷蒸发皿加入 50 mL 纯水。

（3）分别加入 2 滴酚酞指示剂，用 0.025 mol/L 硫酸溶液或 0.05 mol/L 氢氧化钠溶液，调节至溶液的红色刚变为无色。再各加 1 mL 铬酸钾溶液，用硫酸银标准溶液进行滴定，同时用玻璃棒不停搅拌，直至变为橘黄色为止。

在用本方法滴定时，不能在酸性环境中进行。在酸性环境中，铬酸根浓度会大大降低。在等当点时不能形成铬酸银沉淀。因银离子将形成氧化银沉淀，本方法也不能在碱性中进行。因此，当水样 pH 小于 6.3 或 pH 大于 10 时，应预先用酸或碱调节至中性或弱碱性，再进行滴定。

四、水样的采集和处理

采集足够满足进行水质分析的，均匀、有代表性以及不改变其理化特性的水样，将采集好的样品贮存在聚乙烯瓶或硬质玻璃瓶中，水样中氯化物的测定应尽快完成，需在 7 d 内完成测定。

五、计算

水样中氯化物（Cl^-）的质量浓度的计算公式如下。

$$c=\frac{(V_2-V_1)\times 0.500\times 1\,000}{V_3}$$

式中：c 为水样中的氯化物（Cl^-）的质量浓度（mg/L）；V_1 为纯水空白消耗硝酸银标准溶液量（mL）；V_2 为水样消耗硝酸银标准溶液量（mL）；V_3 为水样体积（mL）。

实验四　总氮的测定

一、原理

水中总氮的测定是判断水体富营养化的一个重要指标。水中总氮的测定可用 HJ 636—2012 水质　总氮的测定　碱性过硫酸钾消解紫外分光光度法测定。本方法可以测定样品中溶解态氮及悬浮物中氮的总和，包括亚硝酸盐氮、硝酸盐氮、无机铵盐、溶解态氨及大部分有机含氮化合物中的氮。

在 120～124 ℃的温度下，碱性过硫酸钾溶液使样品中含氮化合物的氮转化为硝酸盐，采用紫外分光光度法于波长 220 nm 和 275 nm 处，分别测定吸光度 A_{220} 和 A_{275}。按下列公式计算校正吸光度 A，总氮（以 mol/L 计）含量与校正吸光度 A 成正比。

$$A=A_{220}-2A_{275}$$

二、仪器

紫外分光光度计（具 10 mm 石英比色皿）、高压蒸汽灭菌器、25 mL 具塞磨口玻璃比色管。

三、试剂

本法所有试剂均需用不含氨的纯水配制。无氨水可用一般纯水通过强酸性阳离子交换树脂或者加硫酸和高锰酸钾后重蒸馏制得。

（1）20％氢氧化钠溶液　称取 20 g 氢氧化钠，溶于纯水中，并稀释至 100 mL。

（2）2％氢氧化钠溶液　取 10 mL 20％氢氧化钠溶液，溶于纯水中，并稀释至 100 mL。

（3）浓硫酸。

(4)浓盐酸。

(5)硫酸溶液　浓硫酸和纯水以 1∶35 比例配置溶液。

(6)盐酸溶液　浓盐酸和纯水以 1∶9 比例配置溶液。

(7)碱性过硫酸钾溶液　称取 40.0 g 过硫酸钾溶于 600 mL 水中(可置于 50 ℃水浴中加热至全部溶解);另称取 15.0 g 氢氧化钠溶于 300 mL 水中。待氢氧化钠溶液温度冷却至室温后,混合两种溶液定容至 1 000 mL,存放于聚乙烯瓶中,可保存一周。

(8)硝酸钾标准溶液　①储备液:将硝酸钾(KNO_3)置于 105 ℃烘箱内,烘烤 2 h,冷却后称取 0.721 8 g 硝酸钾溶于适量水,移至 1 000 mL 容量瓶中,用水稀释至标线,混匀。加入 1～2 mL 三氯甲烷作为保护剂,在 0～10 ℃的温度下暗处保存,可稳定 6 个月。②标准使用液:量取 10 mL 硝酸钾标准贮备液至 100 mL 容量瓶中,用水稀释至标线,混匀,临用现配。

四、水样的采集和处理

将采集好的样品贮存在聚乙烯瓶或硬质玻璃瓶中,用浓硫酸调节 pH 至 1～2,在常温下可保存 7 d。贮存在聚乙烯瓶中,－20 ℃冷冻,可保存 1 个月。取适量样品用氢氧化钠溶液或硫酸溶液调 pH 至 5～9,待测。当碘离子含量相对于总氮含量的 2.2 倍以上,溴离子含量相对于总氮含量的 3.4 倍以上时,对测定产生干扰。水样中的六价铬离子和三价铁离子对测定产生干扰,可加入 5%盐酸羟胺溶液 1～2 mL 消除。

五、测定步骤

(1)量取 10 mL 试样于 25 mL 具塞磨口玻璃比色管中(当试样中的含氮量超过 70 μg 时,可减少取样量并加水稀释至 10.00 mL),再加入 5.00 mL 碱性过硫酸钾溶液,塞紧管塞,用纱布和线绳扎紧管塞,以防弹出。将比色管置于高压蒸汽灭菌器中,加热至顶压阀吹气,关阀,继续加热至 120 ℃开始计时,保持温度为 120～124 ℃,30 min。自然冷却,开阀放气,移去外盖,取出比色管,冷却至室温,按住管塞,将比色管中的液体颠倒混匀 2～3 次。

注:若比色管在消解过程中出现管口或管塞破裂,应重新取样分析。

(2)每个比色管分别加入 1.0 mL 盐酸溶液,用水稀释至 25 mL 标线,盖塞混匀。使用 10 mm 石英比色皿,在紫外分光光度计上,以水作参比,分别于波长 220 nm 和 275 nm 处测定吸光度。用 10.00 mL 水代替试样,按照样品步骤进行测定作为空白试验。

(3)分别量取 0.00 mL、0.20 mL、0.50 mL、1.00 mL、3.00 mL 和 7.00 mL 硝酸钾标准使用液于 25 mL 具塞磨口玻璃比色管中,其对应的总氮(以 mol/L 计)含量分别为 0.00、2.00、5.00、10.00、30.00 和 70.00 μg。加水稀释至 10.00 mL,按照上述样品测定步骤进行测定。零浓度的校正吸光度 A_b、其他标准系列的校正吸光度 A_s 及其差值 A_r 按以下公式进行计算。以总氮(以 mol/L 计)含量(μg)为横坐标,对应的 A_r 值为纵坐标,绘制校准曲线。

$$A_b = A_{b220} - 2A_{b275}$$

$$A_s = A_{s220} - 2A_{s275}$$

$$A_r = A_s - A_b$$

式中:A_b 为零浓度(空白)溶液的校正吸光度;A_{b220} 为零浓度(空白)溶液于波长 220 nm 处的吸光度;A_{b275} 为零浓度(空白)溶液于波长 275 nm 处的吸光度;A_s 为标准溶液的校正吸光度;

A_{s220} 为标准溶液于波长 220 nm 处的吸光度；A_{s275} 标准溶液于波长 275 nm 处的吸光度；A_r 为标准溶液校正吸光度与零浓度（空白）溶液校正吸光度的差。

六、结果计算

样品中总氮的质量浓度按下列公式进行计算。

$$\rho=\frac{(A_r-a)\times f}{bV}$$

式中：ρ 为样品中总氮（以 N 计）的质量浓度（mg/L）；A_r 为试样的校正吸光度与空白试验校正吸光度的差值；a 为校准曲线的截距；b 为校准曲线的斜率；V 为试样体积（mL）；f 为稀释倍数。当测定结果小于 1.00 mg/L 时，保留到小数点后 2 位有效数字；当测定结果大于等于 1.00 mg/L 时，保留到小数点后 3 位有效数字。

实验五　氨氮的测定

一、原理

水样中的氨与纳氏试剂（K_2HgI_4）在碱性条件下生成黄色至棕色的化合物（NH_2Hg_2OI），其色度与氨氮含量成正比。

二、仪器

500 mL 全玻璃蒸馏器、50 mL 具塞比色管和分光光度计。分光光度计工作原理见图 4-2 所示。

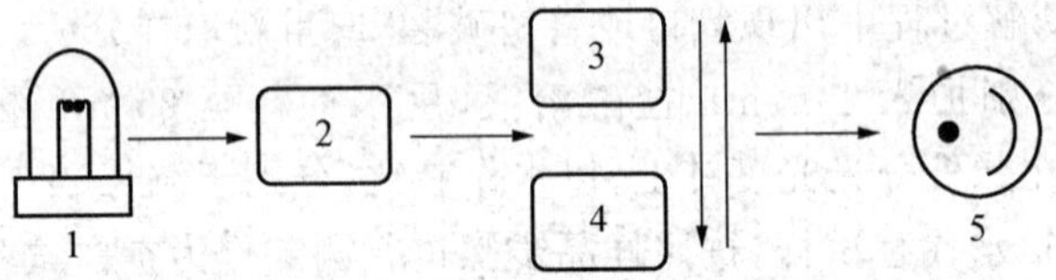

1. 光源；2. 单色器；3. 参考；4. 样品；5. 检测器。

图 4-2　分光光度计工作原理

三、试剂

二维码 4-2
分光光度计外观

本方法的所有试剂均须用不含氨的纯水配制。无氨水可用一般纯水通过强酸性阳离子交换树脂或者加硫酸和高锰酸钾后重蒸馏制得。

（一）氨氮标准溶液

（1）储备液　将氯化铵（NH_4Cl）置于 105 ℃烘箱内，烘烤 1 h，冷却后，称取 3.819 0 g，溶于纯水中，定容至 1 000 mL。此溶液 1.00 mL 含 1.00 mg 氨氮（N）。

(2)标准溶液(临用时配制) 吸取 10.00 mL 氨氮储备溶液,用纯水定容到 1 000 mL,此溶液 1.00 mL 含 10.0 μg 氨氮(N)。

(二)0.35%硫代硫酸钠溶液

称取 0.35 g 硫代硫酸钠($Na_2S_2O_3 \cdot 5H_2O$)溶于纯水中,并稀释至 100 mL。此溶液 0.4 mL 能除去 200 mL 水样中有效氯 1 mg/L。使用时可按水样中余氯含量计算加入量。

(三)磷酸盐缓冲溶液

称取 7.15 g 无水磷酸二氢钾(KH_2PO_4)及 34.4 g 磷酸氢二钾(K_2HPO_4 或 45.075 g $K_2HPO_4 \cdot 3H_2O$),溶于纯水中,并稀释至 500 mL。

(四)2%硼酸溶液

称取 20 g 硼酸,溶于纯水中,并稀释至 1 000 mL。

(五)10%硫酸锌溶液

称取 10 g 硫酸锌($ZnSO_4 \cdot 7H_2O$),溶于少量纯水中,并稀释至 100 mL。

(六)24%氢氧化钠溶液

称取 24 g 氢氧化钠,溶于纯水中,并稀释至 100 mL。

(七)50%酒石酸钾钠溶液

称取 50 g 酒石酸钾钠($KNaC_4H_4O_6 \cdot 4H_2O$)溶于 100 mL 纯水中,加热煮沸至不含氨为止,冷却后再用纯水补充至 100 mL。

(八)纳氏试剂

称取 100 g 碘化汞(HgI_2)及 70 g 碘化钾(KI),溶于少量纯水中,将此溶液缓缓倾入已冷却的 500 mL 32%氢氧化钠溶液中,并不停搅拌,然后再以纯水稀释至 1 000 mL,贮于棕色瓶中,用橡皮塞塞紧,避光保存。本试剂有毒,应谨慎使用。

注:配制试剂时,应注意勿使碘化钾过剩。过量的碘离子将影响有色络合物的生成,使发色变浅。贮存已久的纳氏试剂在使用前应先用已知量的氨氮标准溶液显色,并核对应有的吸光度。加入试剂后 2 h 内不得出现浑浊,否则应重新配制。

四、水样的采集和处理

采集足够满足进行水质分析的、均匀、有代表性以及不改变其理化特性的水样,将采集好的样品贮存在聚乙烯瓶或硬质玻璃瓶中。氨氮的测定应在每升水样中加入 0.8 mL 硫酸,在 4 ℃的温度下 24 h 内完成测定。

无色澄清的水样可直接测定,而色度、浑浊度较高和含干扰物质较多的水样须经过蒸馏或混凝沉淀等预处理步骤。

(一)蒸馏

(1)取 200 mL 纯水于全玻璃蒸馏器中,加入 5 mL 磷酸盐缓冲液及数粒玻璃珠,加热蒸馏直至馏出液用纳氏试剂检不出氨为止。稍冷后倾出并弃去蒸馏瓶中残液,量取 200 mL 水样(或取适量加纯水稀释至 200 mL)于蒸馏瓶中。根据水中余氯含量,计算并加入 0.35%硫代硫酸钠溶液脱氯。用稀氢氧化钠溶液调节水样至其呈中性。

(2)加入 5 mL 磷酸盐缓冲液,加热蒸馏。用 200 mL 容量瓶为接收瓶,内装 20 mL 硼酸溶液作为吸收液。蒸馏器的冷凝管末端要插入吸收液中。待蒸出 150 mL 左右,使冷凝管末端离开液面,继续蒸馏以清洗冷凝管。最后用纯水稀释到刻度,摇匀。供比色用。

(3)当水中含钙量超过 250 mg/L 时,将与磷酸盐缓冲溶液反应,生成磷酸钙沉淀,并释放出氢离子,溶液 pH 就会低于 7.4,影响氨的蒸馏。因此,硬度高的水样应增加磷酸盐缓冲溶液用量,并用酸或碱调节 pH 为 7.4 后,再进行蒸馏。

(二)混凝沉淀

(1)取 200 mL 水样,加入 2 mL 硫酸锌溶液,混匀。加入 0.8～1 mL 氢氧化钠溶液,使 pH 为 10.5,静置数分钟,倾出上清液,供比色用。

(2)经硫酸锌和氢氧化钠沉淀的水样被静置后一般均能澄清。如果必须过滤,就应注意滤纸中的铵盐对水样的污染,且必须预先将滤纸处理后,再使用。

五、测定步骤

(1)取 50.00 mL 澄清水样或经预处理的水样(如果氨氮含量大于 0.10 mg,就取适量水样加纯水至 50 mL)于 50 mL 比色管中。

(2)另取 50 mL 比色管 10 支,分别加入氨氮标准溶液 0 mL、0.10 mL、0.30 mL、0.50 mL、0.70 mL、1.00 mL、3.00 mL、5.00 mL、7.00 mL 及 10.00 mL,用纯水稀释至 50 mL。

(3)向水样及标准溶液管内分别加入 1.00 mL 酒石酸钾钠溶液(经蒸馏预处理过的水样及标准管中均不加此试剂),混匀,加 1.00 mL 纳氏试剂,混匀后放置 10 min,于 410 nm 波长下,用 1 cm 比色皿,以纯水作参比,测定吸光度。如果氨氮含量低于 30 μg,就改用 3 cm 比色皿;如果氨氮含量低于 10 μg,就可用目视比色。

(4)绘制校准曲线。从曲线上查出样品管中氨氮含量,或目视比色记录水样中相当于氨氮标准的含量。

六、结果计算

水样中氨氮的质量浓度的计算公式如下。

$$c=\frac{M}{V}$$

式中:c 为水样中氨氮(mol/L)的质量浓度(mg/L);M 为从校准曲线上查得的样品管中氨氮的含量(或相当于氨氮标准的含量)(μg);V 为水样体积(mL)。

实验六　硝酸盐氮的测定

一、原理

硝酸盐氮的测定采取 GB/T 7480—1987 水质　硝酸盐氮的测定　酚二磺酸分光光度法。

利用酚二磺酸在无水情况下与硝酸根离子作用，生成硝基二磺酸酚，所得反应物在碱性溶液中发生分子重排，生成黄色化合物，在 410 nm 波长处测定吸光度。酚二磺酸分光光度法干扰离子较多，特别是当氯离子有严重干扰时，必须进行预处理消除干扰。

二、仪器

50 mL 具塞比色管、100 mL 蒸发皿、250 mL 三角瓶和分光光度计。

三、试剂

(1)硝酸盐氮标准液

①储备溶液：称取 7.218 g 在 105～110 ℃的温度下烘烤 1 h 的硝酸钾(KNO_3)，溶于纯水中，并定容至 1 000 mL。加 2.00 mL 氯仿作保存剂，至少可稳定 6 个月。此储备溶液 1.00 mL 含 1.00 mg 硝酸盐氮。

②标准溶液：吸取 5.00 mL 硝酸盐氮标准储备溶液，置于瓷蒸发皿内，在水浴上加热蒸干，然后加入 2.00 mL 酚二磺酸试剂，迅速用玻璃棒摩擦蒸发皿内壁，使酚二磺酸试剂与硝酸盐充分接触，静置 30 min，加入少量纯水，移入 500 mL 容量瓶中，再用纯水冲洗蒸发皿，合并于容量瓶中，最后用纯水稀释至刻度。此溶液 1.00 mL 含 10.00 μg 硝酸盐氮。

(2)苯酚　如苯酚不纯或有颜色，将盛苯酚的容器隔水加热，融化后倾出适量于具空气冷凝管的蒸馏瓶中，加热蒸馏，收集 182～184 ℃的馏分，置棕色瓶中，冷暗处保存。精制苯酚应为无色纯净的结晶。

(3)酚二磺酸试剂　称取 15 g 苯酚，置于 250 mL 三角瓶中，加入 105 mL 浓硫酸，瓶上放一小漏斗，置沸水浴内加热 6 h。试剂应为浅棕色稠液，保存于棕色瓶内。

(4)硫酸银标准溶液　称取 4.397 g 硫酸银(Ag_2SO_4)，溶于纯水中，并用纯水定容至 1 000 mL。此溶液 1.00 mL 可与 1.00 mg 氯离子作用。

(5)0.5 mol/L 硫酸溶液　取 2.8 mL 浓硫酸，加入适量纯水中，并稀释至 100 mL。

(6)1 mol/L 氢氧化钠溶液　称取 40 g 氢氧化钠(NaOH)，溶于适量纯水中，并稀释至 1 000 mL。

(7)0.02 mol/L 高锰酸钾溶液　称取 0.316 g 高锰酸钾($KMnO_4$)，溶于纯水中，并稀释至 100 mL。

(8)乙二胺四乙酸二钠溶液　称取 50 g 乙二胺四乙酸二钠($C_{10}H_{14}N_2O_8Na_2 \cdot 2H_2O$，简称 EDTA-2Na)，用 20 mL 纯水调成糊状，然后加入 60 mL 浓氨水充分搅动，使之溶解。

(9)浓氨水。

(10)氢氧化铝悬浮液　称取 125 g 硫酸铝钾[$KAl(SO_4)_2 \cdot 12H_2O$]或硫酸铝铵[$NH_4Al(SO_4)_2 \cdot 12H_2O$]，溶于 1 000 mL 纯水中。加热至 60 ℃，慢慢加入 55 mL 浓氨水，使生成氢氧化铝沉淀。充分搅拌后静置，弃去上清液。反复用纯水洗涤沉淀，至倾出液无氯离子(用硝酸银检定)为止。最后加入 300 mL 纯水成悬浮液。使用前振荡均匀。

四、水样的采集和处理

采集足够满足进行水质分析的、均匀、有代表性以及不改变其理化特性的水样，将采集好的样品贮存在聚乙烯瓶或硬质玻璃瓶中，硝酸盐氮的测定应在每升水样中加入 0.8 mL 硫酸，

4 ℃下 24 h 内完成测定。在计算水样体积时,应将预处理时所加各种溶液的体积扣除。

(一)去除浊度

如水样中有悬浮物,可用 0.45 μm 孔径的滤膜过滤除去。

(二)去除颜色

如水样的色度超过 10 度,可于 100 mL 水样中加入 2 mL 氢氧化铝悬浮液,充分振摇后静置数分钟,再进行过滤。弃去最初滤出的少量水样。

(三)去除氯化物

将 100 mL 水样置于 250 mL 三角瓶中,根据事先已测出的氯离子(Cl^-)含量,加入适量的硫酸银溶液。当水样中氯化物含量很高(超过 100 mg/L)时,应该以 1 mg 氯离子须加 4.397 mg Ag_2SO_4 计算直接加入固体硫酸银(为了防止银离子的加入量多于水样中氯离子量给测定带来干扰,在计算银离子加入量时,可按保留水样中 1 mg/L 氯离子的量计算)。将三角瓶放入 80 ℃左右的热水中,用力振摇,氯化银沉淀凝聚,冷却后,用慢速滤纸过滤或离心,使水样澄清。

注:水中氯离子在强酸条件下与 NO_3^- 反应,生成 NO 或 NOCl,使 NO_3^- 损失,结果偏低,因此,必须除去氯离子。当用硫酸银除去氯离子时,如果银离子过量,就会导致在最后变色时生成的颜色不正常或变浑浊。

(四)扣除亚硝酸盐氮影响

如果水样中亚硝酸盐氮含量超过 0.2 mg/L,就应先向 100 mL 水样中加入 1.0 mL/0.5 mol/L 硫酸溶液,混匀后滴加 0.02 mol/L 高锰酸钾溶液至淡红色,保持 15 min,不褪色为止,以使亚硝酸盐转变为硝酸盐。在最后计算测定结果时,须减去这一部分亚硝酸盐氮(用重氮化偶合分光光度法测定)。

五、测定步骤

(1)吸取 25.0 mL(或适量)原水样或经过预处理的澄清水样,置于 100 mL 蒸发皿内,用 pH 试纸检查,滴加氢氧化钠溶液,调节溶液至近中性,置于水浴上蒸干。

(2)取下蒸发皿,加入 1.0 mL 酚二磺酸试剂,用玻璃棒研磨,试剂与蒸发皿内残渣充分接触,静置 10 min。

(3)向蒸发皿内加入 10 mL 纯水,在搅拌下滴加浓氨水,溶液显出的颜色最深。如有沉淀产生,可过滤,或者滴加乙二胺四乙酸二钠溶液至沉淀溶解。将溶液移入 50 mL 比色管中,用纯水稀释至刻度,混合均匀。

(4)另取 50 mL 比色管,分别加硝酸盐氮标准溶液 0 mL、0.10 mL、0.30 mL、0.50 mL、0.70 mL、1.00 mL、1.50 mL 或 0 mL、1.00 mL、3.00 mL、5.00 mL、7.00 mL、10.00 mL,各加 1.0 mL 酚二磺酸试剂再各加 10 mL 纯水,在搅拌下滴加浓氨水至溶液的颜色最深,加纯水至刻度。

(5)于 410 nm 波长,以纯水为参比,测定样品和标准系列溶液的吸光度。取标准溶液量为 0～1.50 mL 的标准系列用 3 cm 比色皿,0～10.00 mL 的用 1 cm 比色皿测定。

(6)绘制校准曲线。在曲线上查出样品管中硝酸盐氮的含量。

六、结果计算

水样中硝酸盐氮的质量浓度的计算公式如下。

$$c=\frac{M}{V_1}\times\frac{100}{(100+V_2)}$$

式中：c 为水样中硝酸盐氮(N)的质量浓度(mg/L)；M 为从校准曲线上查得的样品管中硝酸盐氮的含量(μg)；V_1 为水样体积(mL)；V_2 为除氯离子时加入硫酸银溶液的体积(mL)。

实验七　亚硝酸盐氮的测定

一、原理

GB/T 7493—1987 水质　亚硝酸盐氮的测定　分光光度法测定亚硝酸盐氮是利用在 pH 为 1.7 以下的水中亚硝酸盐与对氨基苯磺酰胺起重氮作用，再与盐酸 N-(1-萘基)-乙烯二胺产生偶合反应，生成紫红色的偶氮染料，比色定量。

二、仪器

50 mL 具塞比色管、分光光度计。

三、试剂

(一)亚硝酸盐氮标准液

(1)储备溶液　称取 0.246 3 g 在干燥器内放置 24 h 的亚硝酸钠($NaNO_2$)，溶于纯水中，并定容至 1 000 mL。每升内加 2 mL 氯仿保存。此溶液 1.00 mL 含 50.0 μg 亚硝酸盐氮。

(2)标准溶液　取 10.00 mL 亚硝酸盐氮储备溶液，用纯水稀释至 500 mL，再从中吸取出 10.00 mL，用纯水定容至 100 mL。1.00 mL 含 0.10 μg 亚硝酸盐氮。

(二)氢氧化铝悬浮液

称取 125 g 硫酸铝钾[$KAl(SO_4)_2\cdot 12H_2O$]或硫酸铝铵[$NH_4Al(SO_4)_2\cdot 12H_2O$]，溶于 1 000 mL 纯水中。加热至 60 ℃，慢慢加入 55 mL 浓氨水，使生成氢氧化铝沉淀。充分搅拌后静置，弃去上清液。反复用纯水洗涤沉淀，至倾出液无氯离子(用硝酸银检定)为止。最后加入 300 mL 纯水成悬浮液。使用前振荡均匀。

(三)1%对氨基苯磺酰胺溶液

称取 5 g 对氨基苯磺酰胺($NH_2C_6H_4SO_3NH_2$)，溶于 350 mL 1∶6 盐酸中，用纯水稀释至 500 mL。此试剂可稳定数月。

(四)0.1%盐酸 N-(1-萘基)-乙烯二胺溶液

称取 0.5 g 盐酸 N-(1-萘基)-乙烯二胺($C_{10}H_7NH_2CHCH_2NH_2\cdot 2HCl$，又名 N-甲萘基盐酸二氨基乙烯，简称 NEDD)，溶于 500 mL 纯水中，贮于棕色瓶内，于冰箱内保存，可稳定数周。如变为深棕色，则应重配。

四、水样的采集和处理

采集足够满足进行水质分析的、均匀、有代表性以及不改变其理化特性的水样，将采集好的样品贮存在聚乙烯瓶或硬质玻璃瓶中。进行亚硝酸盐氮的测定的水样应保存在 4 ℃的温度下，24 h 内完成测定。

五、测定步骤

(1)若水样浑浊或色度较深，可先取 100 mL，加入 2 mL 氢氧化铝悬浮液，搅拌后静置数分钟，过滤。

(2)先将水样或经处理后的水样用酸或碱调节至中性，取 50.0 mL，置于比色管中。

(2)另取 50 mL 比色管 8 支，分别加入亚硝酸盐氮标准溶液 0 mL、0.50 mL、1.00 mL、2.50 mL、5.00 mL、7.50 mL、10.00 mL 及 12.50 mL，用纯水稀释至 50 mL。

(4)向水样及标准色列管中分别加入 1 mL 对氨基苯磺酰胺溶液，摇匀后放置 2～8 min。加入 1.0 mL 盐酸 N-(1-萘基)-乙烯二胺溶液，立即混匀，放置 10 min(不准超过 2 h)。

(5)于 540 nm 波长下，用 1 cm 比色皿以纯水作参比，在分光光度计上测定吸光度。如亚硝酸盐氮浓度低于 4 μg/L，则改用 3 cm 比色皿。

(6)绘制校准曲线。从曲线上查出水样管中亚硝酸盐氮含量。

六、结果计算

水样中亚硝酸盐氮的质量浓度的计算公式如下。

$$c=\frac{M}{V}$$

式中：c 为水样中亚硝酸盐氮(N)的质量浓度(mg/L)；M 为从校准曲线上查得样品管中亚硝酸盐氮含量(μg)；V 为水样体积(mL)。

实验八　总磷的测定

一、原理

GB/T 11893—1989 水质　总磷的测定　钼酸铵分光光度法是在水样中加入过硫酸钾，在密闭容器中使试样消解，将所含磷全部氧化为正磷酸盐。在还原剂和一定的酸性条件下，正磷酸盐与钼酸铵形成磷钼杂多酸，显蓝色。其吸光值与浓度成正比，可用比色法测定磷含量。

二、仪器

紫外分光光度计(具 30 mm 石英比色皿)、高压蒸汽灭菌器、25 mL 具塞磨口玻璃比色管。

注：所有玻璃器皿均应用稀盐酸或稀硝酸浸泡。

三、试剂

本方法所有试剂均应用纯水配制。

(1)浓硫酸。

(2)碱性过硫酸钾溶液　称取 40.0 g 过硫酸钾溶于 600 mL 水中(可置于 50 ℃水浴中加热至全部溶解);另称取 15.0 g 氢氧化钠溶于 300 mL 水中。待氢氧化钠溶液温度冷却至室温后,混合两种溶液定容至 1 000 mL,存放于聚乙烯瓶中,可保存一周。

(3)钼酸铵硫酸溶液　称取 25 g 钼酸铵[$(NH_4)_6Mo_7O_{24}\cdot 4H_2O$]溶于 300 mL 温水中(水温不得超过 60 ℃),另取 280 mL 浓硫酸慢慢倒入 400 mL 水中,冷却后将硫酸溶液倒入钼酸铵溶液中,边倒边搅拌,最后定容至 1 L。

(4)氯化亚锡溶液　称取 2.5 g 氯化亚锡($SnCl_2\cdot 2H_2O$)溶于 100 mL 甘油中,并在沸水浴上加热溶解,此液可能会有少量浑浊,但不影响使用过,贮于棕色瓶中于暗处保存,可长期使用。

(5)磷标准溶液

①贮存液:称取 50 ℃烘干 4 h 的磷酸二氢钾(KH_2PO_4)0.439 0 g,溶于少量水中,转移至 1 000 mL 容量瓶中,另加大约 800 mL 水,5 mL 浓硫酸,用水稀释至标线混匀,可长期保存。

②标准使用液:吸取 25 mL 磷标准贮存液,定容至 500 mL 容量瓶中,此液不宜久存。

四、水样的采集和处理

采集 500 mL 样品贮存在硬质玻璃瓶中,用浓硫酸调节 pH 至 1 或 1 以下,或不加任何试剂低温保存。砷大于 2 mg/L 干扰测定,用硫代硫酸钠去除;硫化物大于 2 mg/L 干扰测定,通常用氮气去除;铬大于 50 mg/L 干扰测定,用亚硫酸钠去除(含磷量较少的样品不要用塑料瓶装,易使磷酸盐黏附于瓶壁上。)

五、测定步骤

(1)量取 10.00 mL 试样于 25 mL 具塞磨口玻璃比色管中(取试样是应仔细摇匀,以得到溶解部分和悬浮部分均有代表性试样,如样品中磷含量较高可适当减少取样,稀释至 10 mL),再加入 5.00 mL 碱性过硫酸钾溶液,塞紧管塞,用纱布和线绳扎紧管塞,以防弹出。将比色管置于高压蒸汽灭菌器中,加热至顶压阀吹气,关阀,继续加热至 120 ℃开始计时,保持温度为 120～124 ℃,30 min。自然冷却,开阀放气,移去外盖,取出比色管,冷却至室温,按住管塞,将比色管中的液体颠倒混匀 2～3 次。

注:若比色管在消解过程中出现管口或管塞破裂,应重新取样分析。

(2)每个比色管分别加入 1.0 mL 钼酸铵硫酸溶液,用水稀释至 25 mL 标线,盖塞混匀。再加两滴氯化亚锡溶液摇匀。室温放置 15 min 在分光光度计上比色,用 700 nm 波长 30 mm 比色皿。读取吸收值,在校准曲线上查得磷含量。

(3)用 10.00 mL 水代替试样,按照样品步骤进行测定作为空白试验。分别量取 0 mL、0.50 mL、1.00 mL、1.50 mL、2.00 mL 和 2.50 mL 磷标准使用液于 25 mL 具塞磨口玻璃比色管中,按照上述样品测定步骤进行测定,绘制磷含量校准曲线。

六、结果计算

样品中总氮的质量浓度按下列公式进行计算。

$$c=\frac{m}{V}$$

式中：c 为总氮的质量浓度(mg/L)；m 为试样测得含磷量(μg)；V 为试样所用体积。

实验九　溶解氧的测定

一、原理

使用碘量法(GB/T 7489—1987 水质　溶解氧的测定　碘量法)测定溶解氧(DO)是向水样中加入硫酸锰及碱性碘化钾，则水样中溶解的氧将低价锰氧化为高价锰。在硫酸酸性条件下，高价锰氧化碘离子而释放出碘，用硫代硫酸钠溶液滴定释放出的碘，即可计算出溶解氧含量。

亚铁、硫化物及有机物质对此法均有干扰，可在采样时先用高锰酸钾在酸性条件下将水样中的还原物质氧化，并用草酸除去过量的高锰酸钾。

二、仪器

250 mL 溶解氧采样瓶(或用 250 mL 玻塞试剂瓶)、250 mL 碘量瓶和滴定管。

三、试剂

(1)硫酸锰或氯化锰溶液　称取 48 g 硫酸锰($MnSO_4 \cdot 4H_2O$)或 40 g $MnSO_4 \cdot 2H_2O$ 或 36.4 g $MnSO_4 \cdot H_2O$ 或 40 g 氯化锰($MnCl_2 \cdot 2H_2O$)，溶于蒸馏水中，过滤后，稀释至 100 mL。

(2)碱性碘化钾溶液　称取 50 g 氢氧化钠及 15 g 碘化钾，溶于蒸馏水中，并稀释至 100 mL，静置 1～2 d，倾出上层澄清液备用。

(3)浓硫酸。

(4)高锰酸钾溶液　称取 6 g 高锰酸钾，溶于蒸馏水中，并稀释至 1 000 mL。

(5)2%草酸钾溶液　称取 2 g 草酸钾，溶于蒸馏水中，并稀释至 100 mL。

(6)0.5%淀粉溶液　将 0.5 g 可溶性淀粉用少量蒸馏水调制成糊状，再加入刚煮沸的蒸馏水至 100 mL。冷却后加入 0.1 g 水杨酸或 0.4 g 氯化锌保存。

(7)0.025 mol/L 硫代硫酸钠标准溶液　将经过标定的硫代硫酸钠溶液用适量蒸馏水稀释至 0.025 mol/L。

硫代硫酸钠溶液的标定方法为：称取 25 g 硫代硫酸钠，溶于 1 L 煮沸放冷的蒸馏水中，此溶液浓度为 0.1 mol/L，加入 0.4 g 氢氧化钠或 0.2 g 无水碳酸钠以防分解，贮存于棕色瓶中，可保存数月。另取碘酸钾在 105 ℃的温度下烘烤 1 h，置于硅胶干燥器中冷却 30 min。准确称量 2 份，各约 0.15 g，分别置于 250 mL 碘量瓶中。各加 100 mL 蒸馏水，碘酸钾溶解，再各加 3 g 碘化钾及 10 mL 冰醋酸，在暗处静置 5 min。用待标定的硫代硫酸钠溶液滴定至溶液呈淡黄色时，加入 1 mL 0.5%淀粉溶液，继续滴定至恰使蓝色褪去为止，记录用量。按下列公式算出硫代硫酸钠溶液的浓度。

硫代硫酸钠溶液的浓度(n)＝碘酸钾重量(g)×1 000/硫代硫酸钠用量(mL)×35.669 以 2 次的平均值表示结果。

四、水样的采集和处理

测定溶解氧的水样应用溶解氧瓶(或 250 mL 玻塞试剂瓶)单独采集。在取样时先用水样冲洗 3 次,然后采样至瓶口,立即加入 2 mL 硫酸锰溶液。在加试剂时,应将吸管的末端插至瓶中,然后慢慢上提,再用同样的方法加入 2 mL 碱性碘化钾溶液。慢慢盖上瓶塞,注意勿使瓶塞下留有气泡。将瓶颠倒数次,此时会有黄色到棕色沉淀物形成。水样应在 4～8 h 内分析。

当水样中含有亚铁或某些有机物时,在上述操作之前,要先往瓶中加入 0.7 mL 浓硫酸及 1 mL 高锰酸钾溶液。盖紧瓶盖,颠倒混合,放置 15 min。如若紫红色褪去,则补加高锰酸钾,直到紫红色保持不褪为止。过量的高锰酸钾用草酸溶液还原,至紫色刚刚褪去为止。淡水中的溶解氧的理论量计算如下。

在 1 013 hPa 大气压力下,当空气中的含氧量为 20.9%时,淡水中溶解氧的温度曲线为:

$$S_0 = 0.003\,6T^2 - 0.334\,1T + 14.414 \text{(适用于水温 0～40 ℃)}$$

当气压变化时,可按下列公式计算溶解氧含量。

$$S = \frac{S_0 \times P}{1\,013}$$

式中:S 为测定气压下的溶解氧;S_0 为 1 013 hPa 大气压力下空气中的溶解氧;P 为大气压力(hPa)。

五、测定步骤

(1)将现场采集的水样加以振荡,待沉淀物尚未完全沉至瓶底时,加入 2 mL 浓硫酸,盖好瓶塞,摇匀至沉淀物全部溶解为止。

(2)吸取 100 mL 经过上述处理的水样,注入 250 mL 碘量瓶中,用 0.025 N 硫代硫酸钠标准溶液滴定至溶液呈淡黄色时,加入 1 mL 0.5%淀粉溶液,继续滴定至蓝色褪尽为止,记录用量(V)。

六、结果计算

溶解氧(mg/L)测定的计算公式如下。

$$\text{溶解氧} = V \times 0.025\,0 \times 16/2.000 \times 1.000 \times 1.000/100 = 2V$$

$$\text{饱和百分率} = \text{水样溶解氧含量} \times 100/\text{经验估测溶解氧含量}$$

实验十　耗氧量的测定

一、原理

耗氧量是指 1 L 水中还原性物质在一定条件下被氧化时所消耗的氧毫克数。在不同条件下所测得的耗氧量值不同，因此，必须严格控制反应条件。在同样条件下，所得耗氧量的值才有可比性。

高锰酸钾在酸性溶液中将还原性物质氧化，过量的高锰酸钾用草酸否定还原，根据消耗的高锰酸钾量折合成氧来表示。

二、试剂

(一)1∶3 硫酸溶液

将 1 体积浓硫酸加入 3 体积纯水中，煮沸，滴加高锰酸钾溶液至保持微红色。

(二)0.05 mol/L 草酸钠溶液

称取 6.701 g 草酸钠($Na_2C_2O_4$)，溶于少量纯水中，并定容至 1 000 mL，置暗处保存。

(三)0.02 mol/L 高锰酸钾溶液

称取 3.3 g 高锰酸钾($KMnO_4$)溶于少量纯水中，并稀释至 1 000 mL。煮沸 15 min，静置 2 d 以上。然后用玻璃砂芯漏斗过滤或用虹吸法将上部溶液移入棕色瓶中。置暗处保存并按下述方法标定浓度，即吸取 25.00 mL 草酸钠溶液于 500 mL 三角瓶中，加入 225 mL 新煮沸放冷的纯水及 10 mL 浓硫酸。迅速在滴定管中加入约 24 mL 高锰酸钾溶液，待褪色后加热至 70～80 ℃，再继续滴定至溶液呈微红色并保持 30 s 不褪。当滴定终了，溶液温度不低于 55 ℃时，记录高锰酸钾溶液用量。其计算公式如下。

$$c=\frac{0.05\times 25.00}{V}$$

式中：c 为高锰酸钾溶液的质量浓度；V 为高锰酸钾溶液的用量(mL)。

注：校正高锰酸钾溶液浓度为 0.002 mol/L。

(四)0.002 mol/L 高锰酸钾溶液

将 0.02 mol/L 高锰酸钾溶液准确稀释 10 倍。

(五)0.005 mol/L 草酸钠溶液

将 0.05 mol/L 草酸钠溶液准确稀释 10 倍。

三、水样的采集和处理

采集足够满足进行水质分析的、均匀、有代表性以及不改变其理化特性的水样，将采集好的样品贮存在聚乙烯瓶或硬质玻璃瓶中，耗氧量的测定应在每升水样中加入 0.8 mL 硫酸，在 4 ℃的温度下保存，24 h 内完成测定。

四、测定步骤

(1)测定前须预先处理三角瓶　向 250 mL 三角瓶内加入 50 mL 纯水，再加入 1 mL 1∶3 硫酸及少量高锰酸钾溶液。加热煮沸数分钟，取下三角瓶用草酸钠溶液滴定至微红色，将溶液倾出。

(2)取 100 mL 充分混匀的水样(若水样中有机物含量较高，可取适量水样以纯水稀释至 100 mL)，置于上述处理过的三角瓶中。加入 5 mL 1∶3 硫酸溶液。用滴定管加入 10.00 mL

0.002 mol/L 高锰酸钾溶液。

(3)将三角瓶放入沸腾的水样内，准确放置 30 min。如加热过程中红色明显减退，须将水样稀释重做。

(4)取下三角瓶，趁热加入 10.00 mL 0.005 mol/L 草酸钠溶液，充分振摇，直至红色褪尽。

(5)再在白色背景上，自滴定管加入 0.002 mol/L 高锰酸钾溶液至溶液呈微红色即为终点。记录用量 V_1(mL)。

(6)在滴定终点的水样中，趁热(70～80 ℃)加入 10.00 mL 0.005 mol/L 草酸钠溶液。立即用 0.002 mol/L 高锰酸钾溶液滴定至微红色，记录用量 V_2(mL)。如高锰酸钾溶液浓度为准确的 0.002 mol/L，滴定时用量应为 10.00 mL，否则可求一校正系数。其计算公式如下。

$$K=\frac{10}{V_2}$$

(7)如水样用纯水稀释，则另取 100 mL 纯水，同上述步骤滴定，记录高锰酸钾溶液消耗量(V_0)。

五、结果计算

耗氧量(mg/L)的计算公式如下。

$$耗氧量=[(10+V_1)K-10]\times0.08\times1\ 000/100=[(10+V_1)K-10]\times0.8$$

如水样用纯水稀释，则采用下列公式计算水样的耗氧量(mg/L)。

$$耗氧量=\{[(10+V_1)K-10]-[(10+V_0)K-10]R\}\times0.08\times1\ 000/V_3$$

式中：0.08 为 1 mL 0.002 mol/L 高锰酸钾溶液所相当的氧的毫克数；R 为稀释水样时，纯水在 100 mL 体积内所占的比例。例如，25 mL 水样用纯水稀释至 100 mL，则，$R=(100-25)/100=0.75$；V_1，K，V_0 分别见测定步骤(5)及测定步骤(7)；V_3 为水样体积(mL)。

实验十一　化学需氧量的测定

一、原理

水中化学需氧量(COD)的测定方法采用 HJ828—2017 水质　化学需氧量的测定　重铬酸盐法。本标准适用于各种类型的含 COD_{Cr} 值大于 30 mg/L 的水样，对未经稀释的水样的测定上限为 700 mg/L。本标准不适用于含氯化物浓度大于 1 000 mg/L(稀释后)的盐水。

在一定条件下，经重铬酸钾氧化处理时，水样中的溶解性物质和悬浮物所消耗的重铬酸盐与氧的质量浓度相对应。

在水样中加入已知量的重铬酸钾溶液，并在强酸介质下以银盐作催化剂，经沸腾回流后，以试亚铁灵为指示剂，用硫酸亚铁铵滴定水样中未被还原的重铬酸钾，由消耗的硫酸亚铁铵的量换算成消耗氧的质量浓度。

在酸性重铬酸钾条件下，芳烃及吡啶难以被氧化，其氧化率较低。在硫酸银催化作用下，直链脂肪族化合物可有效地被氧化。

二、试剂

除非另有说明，实验时所用试剂均为符合国家标准的分析纯试剂，试验用水均为蒸馏水或同等纯度的水。

(1)硫酸银(Ag_2SO_4)　化学纯。

(2)硫酸汞($HgSO_4$)　化学纯。

(3)硫酸(H_2SO_4)　$\rho=1.84$ g/mL。

(4)硫酸银-硫酸试剂　向 1 L 硫酸中加入 10 g 硫酸银，放置 1～2 d 使之溶解，并混匀，使用前小心摇动。

(5)重铬酸钾标准溶液

①$c(1/6\ K_2Cr_2O_7)=0.250$ mol/L 的重铬酸钾标准溶液：将 12.258 g 在 105 ℃干燥 2 h 后的重铬酸钾溶于水中，稀释至 1 000 mL。

②$c(1/6\ K_2Cr_2O_7)=0.025\ 0$ mol/L 的重铬酸钾标准溶液：将(1)中的溶液稀释 10 倍而成。

(6)硫酸亚铁铵标准滴定溶液

①$c[(NH_4)_2Fe(SO_4)_2\cdot 6H_2O]\approx 0.05$ mol/L 的硫酸亚铁铵标准滴定溶液；溶解 19.5 g 硫酸亚铁铵$[(NH_4)_2Fe(SO_4)_2\cdot 6H_2O]$于水中，加入 10 mL 硫酸，待其溶液冷却后稀释至 1 000 mL。

②在每日临用前，必须用重铬酸钾标准溶液准确标定此溶液的浓度。

取 10.00 mL 重铬酸钾标准溶液置于锥形瓶中，用水稀释至约 100 mL，加入 30 mL 硫酸，混匀，冷却后，加 3 滴(约 0.15 mL)试亚铁灵指示剂，用硫酸亚铁铵滴定溶液的颜色由黄色经蓝绿色变为红褐色，即为终点。记录下硫酸亚铁铵的消耗量(mL)。

③硫酸亚铁铵标准滴定溶液浓度的计算，其公式如下。

$$c=\frac{1.25}{V}$$

式中：c 为硫酸亚铁铵标准溶液浓度(mol/L)；V 为硫酸亚铁铵标准滴定溶液的用量(mL)。

④$c[(NH_4)_2Fe(SO_4)_2\cdot 6H_2O]\approx 0.005$ mol/L 的硫酸亚铁铵标准滴定溶液：将(1)中的溶液稀释 10 倍，用重铬酸钾标准溶液标定，其滴定步骤及浓度计算分别与(2)及(3)类同。

(7)邻苯二甲酸氢钾标准溶液　$c(KC_8H_5O_4)=2.082\ 4$ mmol/L，称取 105 ℃时干燥 2 h 的邻苯二甲酸氢钾($HOOCC_6H_4COOK$)0.425 1 g 溶于水，并稀释至 1 000 mL，混匀。以重铬酸钾为氧化剂，将邻苯二甲酸氢钾完全氧化的 COD 值为 1.176 g 氧/g(指 1 g 邻苯二甲酸氢钾耗氧 1.176 g)，故该标准溶液的理论 COD 值为 500 mg/L。

(8)1,10-菲咯啉(1,10-phenanthroline monohy drate)指示剂溶液　溶解 0.7 g 七水硫酸亚铁($FeSO_4\cdot 7H_2O$)于 50 mL 的水中，加入 1.5 g 1,10-菲咯啉，搅动至溶解，加水稀释至 100 mL。

(9)防爆沸玻璃珠。

三、仪器

常用实验室仪器如下。

（1）回流装置　带有 24 号标准磨口的 250 mL 锥形瓶的全玻璃回流装置。回流冷凝管长度为 300～500 mm。若取样量在 30 mL 以上，可采用带 500 mL 锥形瓶的全玻璃回流装置。

（2）加热装置。

（3）25 mL 或 50 mL 酸式滴定管。

四、水样的采集和处理

（一）采样

测定化学需氧量的水样要采集于玻璃瓶中，应尽快分析。如不能立即分析时，应加入硫酸至 pH<2，置 4 ℃的温度下保存。但保存时间不多于 5 d。采集水样的体积不得少于 100 mL。

（二）试料的准备

将试样充分摇匀，取出 20 mL 作为试料。

五、测定步骤

（1）COD 值小于 50 mg/L 的水样应采用低浓度的重铬酸钾标准溶液氧化，加热回流以后，采用低浓度的硫酸亚铁铵标准溶液回滴。

（2）该方法对未经稀释的水样其测定上限为 700 mg/L，当超过此限时，必须经稀释后测定。

（3）污染严重的水样可选取所需体积 1/10 的试料和 1/10 的试剂，放入 10 mm×150 mm 硬质玻璃管中，摇匀后，用酒精灯加热至沸数分钟，观察溶液是否变成蓝绿色。如呈蓝绿色，则应再适当少取试料，重复以上试验，直至溶液不变为蓝绿色为止，从而确定待测水样适当的稀释倍数。

（4）取试料于锥形瓶中，或取适量试料加水至 20.0 mL。

（5）空白试验　按相同步骤以 20.0 mL 水代替试料进行空白试验，其余试剂和试料测定相同，记录下空白滴定时消耗硫酸亚铁铵标准溶液的毫升数 V_0。

（6）校核试验　按测定试料提供的方法分析 20.0 mL 邻苯二甲酸氢钾标准溶液的 COD 值，用以检验操作技术及试剂纯度。该溶液的理论 COD 值为 500 mg/L，如果校核试验的结果大于该值的 96%，即可认为实验步骤基本上是适宜的，否则，必须寻找失败的原因，重复实验，使之达到要求。

（7）去干扰试验　无机还原性物质如亚硝酸盐、硫化物及二价铁盐将使结果增加，将其需氧量作为水样 COD 值的一部分是可以接受的。

该实验的主要干扰物为氯化物，可在其加入硫酸汞部分地除去，经回流后，氯离子可与硫酸汞结合成可溶性的氯汞络合物。

当氯离子含量超过 1 000 mg/L 时，COD 值的最低允许值为 250 mg/L，低于此值结果的准确度就不可靠。

（8）水样的测定　在试料中加入 10.0 mL 重铬酸钾标准溶液和几颗防爆沸玻璃珠，摇匀。将锥形瓶接到回流装置冷凝管下端，接通冷凝水。从冷凝管上端缓慢加入 30 mL 硫酸银-硫酸试剂，以防止低沸点有机物的逸出，不断旋动锥形瓶使之混合均匀。自溶液开始沸腾起回流 2 h。冷却后，用 20～30 mL 水自冷凝管上端冲洗冷凝管后，取下锥形瓶，再用水稀释至

140 mL 左右。溶液冷却至室温后，加入 3 滴 1,10-菲绕啉指示剂溶液，用硫酸亚铁铵标准滴定溶液滴定，溶液的颜色由黄色经蓝绿色变为红褐色即为终点。记下硫酸亚铁铵标准滴定溶液的消耗毫升数 V_1。

(9)在特殊情况下，需要测定的试料为 10.0～50.0 mL，试剂的体积或重量要按表 4-2 做相应的调整。

表 4-2 不同取样量采用的试剂用量

样品量/mL	0.04 mol/L $K_2Cr_2O_7$/mL	Ag_2SO_4-H_2SO_4/mL	$HgSO_4$/g	$(NH_4)_2Fe(SO_4)_2\cdot 6H_2O$/(mol/L)	滴定前体积/mL
10.0	5.0	15	0.2	0.05	70
20.0	10.0	30	0.4	0.10	140
30.0	15.0	45	0.6	0.15	210
40.0	20.0	60	0.8	0.20	200
50.0	25.0	75	1.0	0.25	350

六、结果计算

(一)计算方法

以 mg/L 计的水样化学需氧量，其计算公式如下。

$$COD_{Cr}=\frac{(V_0-V_1)\times c\times 8\times 1\ 000}{V}$$

式中：c 为硫酸亚铁铵标准滴定溶液的浓度(mol/L)；V_0 为空白试验所消耗的硫酸亚铁铵标准滴定溶液的体积(mL)；V_1 为测定水样时所消耗的硫酸亚铁铵标准滴定溶液的体积(mL)；V 为水样的体积(mL)。

测定结果一般保留 3 位有效数字。对于 COD 值小的水样而言，当计算出 COD 值小于 10 mg/L 时，应表示为“COD<10 mg/L”。

(二)精密度

标准溶液测定的精密度要求为 40 个不同的实验室测定 COD 值为 500 mg/L 的邻苯二甲酸氢钾标准溶液，其标准偏差为 20 mg/L，相对标准偏差为 4.0%。

实验十二 五日生化需氧量的测定

一、定义

五日生物化学需氧量(BOD_5)是指在规定的条件下(20 ℃，培养 5 d)，水中有机物和无机物在生物氧化作用下所消耗的溶解氧(以质量浓度表示)。

二、原理

采用 HJ 505—2009 水质 五日生化需氧量(BOD_5)的测定 稀释与按种法测定。本方法

适用于 BOD_5 大于或等于 2 mg/L 并且不超过 6 000 mg/L 的水样。BOD_5 大于 6 000 mg/L 的水样仍可用本方法。由于稀释会造成误差,有必要要求对测定结果做慎重的说明。本试验得到的结果是生物化学和化学作用共同产生的结果。它不像单一的、有明确定义的化学过程那样具有严格和明确的特性,但是它能提供用于评价各种水样质量的指标。本试验的结果可能会被水中存在的某些物质所干扰,那些对微生物有毒的物质会抑制生化作用,如杀菌剂、有毒金属或游离氯等。水中的藻类或硝化微生物也可能造成虚假的偏高结果。

将水样注满培养瓶,塞好后应不透气,将瓶置于暗处恒温(20 ℃)条件下,培养 5 d。在培养前后,分别测定溶解氧浓度,由两者的差值可算出每升水消耗掉氧的质量,即 BOD_5 值。由于多数水样中含有较多的有机物质,当 BOD_5 质量浓度大于 6 mg/L 时,样品应稀释后测定。

一般水质检验所测 BOD_5 只包括含碳物质的耗氧量和无机还原性物质的耗氧量。有时需要分别测定含碳物质的耗氧量和硝化作用的耗氧量。常用的含碳物质的耗氧量和氮的硝化作用的耗氧量的区别方法是向培养瓶中投加硝化抑制剂,加入适量硝化抑制剂后,所测出的耗氧量即为含碳物质的耗氧量。在 5 d 内,硝化作用的耗氧量取决于是否存在足够数量的能进行此种氧化作用的微生物。在原污水或初级处理的出水中,这种微生物的数量不足,不能氧化显著量的还原性氮。而在许多二级生化处理的出水和受污染较久的水体中,往往含有大量硝化微生物,因此,在测定这种水样时,应抑制其硝化反应。

在测定 BOD_5 的同时,须用葡萄糖和谷氨酸标准溶液完成验证试验。

三、试剂

在分析时,只采用公认的分析纯试剂和蒸馏水或同等纯度的水(在全玻璃装置中蒸馏的水或去离子水),水中含铜不应高于 0.01 mg/L,并不应有氯、氯胺、苛性碱、有机物和酸类。

(1)接种水　如试验样品本身不含有足够的合适性微生物,应采用下述方法之一,以获得接种水。

①城市废水取自污水管或取自没有明显工业污染的住宅区污水管。在使用前,这种水应倾出上清液,备用。

②在 1 L 水中加入 100 g 花园土壤,混合并静置 10 min。取 10 mL 上清液,用水稀释至 1 L。

③含有城市污水的河水或湖水。

④污水处理厂出水。

⑤当待分析水样为含难降解物质的工业废水时,取自待分析水排放口下游 3~8 km 的水或所含微生物适宜于待分析水并经实验室培养过的水。

(2)盐溶液　下述溶液至少可稳定 1 个月,应贮存在玻璃瓶内,置于暗处。一旦发现有微生物滋长迹象,则应弃去不用。

①磷酸盐缓冲溶液:将 8.5 g 磷酸二氢钾(KH_2PO_4)、21.8 g 磷酸氢二钾(K_2HPO_4)、33.4 g 七水磷酸氢二钠($Na_2HPO_4 \cdot 7H_2O$)和 1.7 g 氯化铵(NH_4Cl)溶于约 500 mL 水中,稀释至 1 000 mL 并混合均匀。此缓冲溶液的 pH 应为 7.2。

②七水硫酸镁:22.5 g/L 溶液,将 22.5 g 的七水硫酸镁($MgSO_4 \cdot 7H_2O$)溶于水中,稀释至 1 000 mL 并混合均匀。

③氯化钙:27.6 g/L 溶液,将 27.6 g 的无水氯化钙($CaCl_2$)(若用水合氯化钙,则要取相当

的量)溶于水,稀释至1 000 mL,并混合均匀。

④氯化铁:0.15 g/L溶液,将0.25 g六水三氯化铁($FeCl_3 \cdot 6H_2O$)溶解于水中,稀释至1 000 mL并混合均匀。

(3)稀释水 取每种盐溶液各1 mL,加入约500 mL水中,然后稀释至1 000 mL并混合均匀,将此溶液置于20 ℃恒温中,曝气1 h以上,采取各种措施,使其不受污染,特别是不被有机物质、氧化或还原性物质或金属污染,确保溶解氧浓度不低于8 mg/L。此溶液的五日生化需氧量不得超过0.2 mg/L。此溶液应在8 h内使用。

(4)接种的稀释水 根据需要和接种水的来源,城市生活污水和污水处理厂出水加1~10 mL,河水或湖水加10~100 mL,将已接种的稀释水在约20 ℃下保存,8 h内尽早应用。已接种的稀释水pH为7.2,BOD_5应小于1.5 mg/L。

(5)盐酸(HCl)溶液 0.5 mol/L。

(6)氢氧化钠(NaOH)溶液 20 g/L。

(7)亚硫酸钠(Na_2SO_3)溶液 1.575 g/L,此溶液不稳定,须每天配制。

(8)葡萄糖-谷氨酸标准溶液

将一些无水葡萄葡糖($C_6H_{12}O_6$)和一些谷氨酸($HOOC—CH_2—CH_2—CHNH_2—COOH$)在103 ℃的温度下,干燥1 h,每种称量(150±1)mg,溶于蒸馏水中,稀释至1 000 mL并混合均匀。此溶液于临用前配制。

四、水样的采集和处理

采集足够满足进行水质分析的均匀、有代表性以及不改变其理化特性的水样,将采集好的样品贮存在聚乙烯瓶或硬质玻璃瓶中,生化需氧量的测定水样应立即进行,如不能及时测定,保存在4 ℃的温度下,6 h内完成测定。

五、仪器

使用的玻璃器皿要认真清洗,不能含有有毒的或生物可降解的化合物,并防止沾污。建议采用压缩空气瓶或采用空气不与任何润滑油接触的压缩机(隔膜泵压缩机)。空气在用前应过滤和洗涤。

(一)常用的实验室设备

(1)培养瓶 细口瓶的容量为250~300 mL,带有磨口玻璃塞,并具有供水封用的钟形口,最好是直肩的。

(2)培养箱 能控制在(20±1) ℃。

(3)测定溶解氧仪器。

二维码4-3 培养箱外观

二维码4-4 便携式溶氧仪外观

(4)用于样品运输和贮藏的冷藏手段(0～4 ℃)。

(5)稀释容器　带塞玻璃瓶,刻度精确到毫升,其容积大小取决于使用稀释样品的体积。

(二)样品的贮存

当样品须充满并密封于瓶中,置于 0～4 ℃的温度下保存到进行分析时,一般应在采样后 6 h 之内进行检验。若须远距离转运,24 h 内不能分析,可以冷冻保存。冷冻样品分析前须经过解冻、均质化和接种。

六、测定步骤

(一)样品预处理

(1)样品的中和　如果样品的 pH 不为 6～8,先做单独试验,确定需要用的盐酸溶液或氢氧化钠溶液的体积,再中和样品,不管有无沉淀形成。

(2)含游离氯或结合氯的样品　一般采样后放置 1～2 h 即消失,若没有消失,加入所需体积的亚硫酸钠溶液,使样品中自由氯和结合氯失效,注意避免加过量。

(二)试验水样的准备

(1)将试验样品温度升至约 20 ℃,然后在半充满的容器内摇动样品,以便消除可能存在的过饱和氧。

(2)将已知体积样品置于稀释容器中,用稀释水或接种稀释水稀释,轻轻地混合,避免夹杂空气泡。稀释的倍数可参考表 4-3。

表 4-3　测定 BOD_5 时建议稀释的倍数

预期 BOD_5 值/(mg/L)	稀释比	结果取整到	适用的水样*
2～6	1～2	0.5	R
4～12	2	0.5	R,E
10～30	5	0.5	R,E
20～60	10	1	E
40～120	20	2	S
100～300	50	5	S,C
200～600	100	10	S,C
400～1 200	200	20	S,C
1 000～3 000	500	50	S,C
2 000～6 000	1 000	100	I

注:* R 为河水;E 为生物净化过的污水;S 为澄清过的污水或轻度污染的工业废水;C 为原污水;I 为严重污染的工业废水。

(3)若采用的稀释比大于 100,分 2 步或几步进行稀释。若需要抑制硝化作用,则加入 ATU 或 TCMP 试剂。

(4)若只需要测定有机物降解的耗氧,则必须抑制硝化微生物以避免氮的硝化过程。为此目的,在每升稀释样品中加入 2 mL 质量浓度为 500 mg/L 的丙烯基硫脲(ATU)($C_4H_8N_2S$)溶液或一定量的固定在氯化钠(NaCl)上的 2-氯-5-三氯甲基吡啶(TCMP)($Cl—C_5H_3N—CCl_3$),使 TCMP 在稀释样品中浓度大约为 0.5 mg/L。

(5)恰当的稀释比应使培养后的剩余溶解氧浓度至少为 2 mg/L 和消耗的溶解氧浓度至少为 2 mg/L。

(6)当难以确定恰当的稀释比时,可先测定水样的总有机碳(TOC)或重铬酸盐法化学需氧量(COD),根据 TOC 或 COD 估计 BOD_5 可能值,再围绕预期的 BOD_5 值,做几种不同的稀释比,最后从所得测定结果中选取合乎要求条件者。

(三)空白试验

用接种稀释水进行平行空白实验测定。

(四)测定

(1)按采用的稀释比用虹吸管充满 2 个培养瓶至稍溢出。将所有附着在瓶壁上的空气泡赶掉,盖上瓶盖,小心避免夹空气泡。将瓶子分为 2 组,每组都含有 1 瓶选定稀释比的稀释水样和 1 瓶空白溶液。

(2)放 1 组瓶于培养箱中,并在暗中放置 5 d。

(3)在计时起点时,测量另一组瓶的稀释水样和空白溶液中的溶解氧浓度。当达到需要培养的 5 d 时,测定放在培养箱中那组稀释水样和空白溶液的溶解氧浓度。

(五)验证试验

为了检验接种稀释水、接种水和分析人员的技术,需进行验证试验。将 20 mL 葡萄糖-谷氨酸标准溶液用接种稀释水稀释至 1 000 mL,并且按照测定的步骤进行测定。得到的 BOD_5 应为 180～230 mg/L,否则,应检查接种水。如果必要,还应检查分析人员的技术。

本试验同试验水样同时进行。

七、结果计算

(1)被测定溶液若满足以下条件,则能获得可靠的测定结果。培养 5 d 后,剩余 DO≥1 mg/L;消耗 DO≥2 mg/L。若不能满足以上条件,则一般应舍掉该组结果。

(2)五日生化需氧量(BOD_5)以每升消耗氧的毫克数表示,由下列公式算出。

$$BOD_5 = \frac{(\rho_1 - \rho_2) - (\rho_3 - \rho_4) f_1}{f_2}$$

式中:BOD_5 为五日生化需氧量质量浓度(mg/L);ρ_1 为接种稀释水样在培养前的溶解氧质量浓度(mg/L);ρ_2 为接种稀释水样在培养后的溶解氧质量浓度(mg/L);ρ_3 为空白样在培养前的溶解氧质量浓度(mg/L);ρ_4 为空白样在培养后的溶解氧质量浓度(mg/L);f_1 为接种稀释水或稀释水在培养液中所占的比例;f_2 为原样品在培养液中所占的比例。

BOD_5 测定结果以氧的质量浓度(mg/L)报出。对于稀释与接种法而言,如果有几个稀释倍数的结果满足要求,结果取这些稀释倍数结果的平均值。当结果小于 100 mg/L 时,保留 1 位小数;100～1 000 mg/L,取整数位;当结果大于 1 000 mg/L 时,以科学计数法报出。结果报告中应注明:样品是否经过过滤、冷冻或均质化处理。

实验十三 氟化物的测定

一、离子选择电极法

(一)原理

水中氟化物的测定可采用电极法和比色法。电极法的适用范围较宽,浑浊度、色度较高的水样均能不干扰测定。

氟化镧单晶对氟离子有选择性,被电极膜分开的2种不同浓度氟溶液之间存在电位差,这种电位差常被称为膜电位。膜电位的大小与氟溶液的离子活度有关。

氟电极与饱和甘汞电极组成一对原电池。利用电动势与离子活度负对数值的线性关系直接求出水样中氟离子浓度。为消除 OH^- 的干扰,在测定时,通常将溶液pH控制为5.5～6.5。

(二)仪器

氟离子电极和饱和甘汞电极、离子活度计或精密酸度计、电磁搅拌器。

(三)试剂

1. 氟化物标准溶液

(1)储备溶液　将氟化钠(NaF)置于105 ℃的温度下,烘2 h,冷却后称取0.221 0 g,溶于纯水中,并定容至100 mL,贮于聚乙烯瓶中备用。此溶液1.00 mL含1.00 mg氟化物。

(2)标准溶液　将氟化物标准储备溶液用纯水稀释成1.00 mL含10.0 μg氟化物的标准溶液。

2. 离子强度缓冲液Ⅰ

离子强度缓冲液Ⅰ适用于干扰物浓度高的水样。称取348.2 g柠檬酸三钠($Na_3C_6H_5O_7 \cdot 5H_2O$),溶于纯水中,用1∶1盐酸调节pH为6,最后用纯水定容至1 000 mL。

3. 离子强度缓冲液Ⅱ

离子强度缓冲液Ⅱ适用于较清洁水。称取58 g氯化钠(NaCl)、3.48 g柠檬酸三钠($Na_3C_6H_5O_7 \cdot 5H_2O$),量取57 mL冰乙酸,溶于纯水中,用10 mol/L氢氧化钠溶液调节pH至5.0～5.5,最后用纯水定容至1 000 mL。

(四)水样的采集和处理

采集足够满足进行水质分析的,均匀、有代表性以及不改变其理化特性的水样,将采集好的样品贮存在聚乙烯瓶或硬质玻璃瓶中。氟化物的测定应在水样中加氢氧化钠至pH≥12,在4 ℃的温度下保存24 h内测定。

(五)测定步骤

1. 标准曲线法

(1)取10 mL水样于50 mL烧杯中。若水样中总离子强度过高,应取少量水样稀释到

10 mL。加 10 mL 离子强度缓冲溶液(水样中干扰物较多时用离子强度缓冲液Ⅰ;较清洁的水样用离子强度缓冲液Ⅱ)。若水样中总离子强度很低时,可以减少强度缓冲液用量。

(2)放入磁芯搅棒搅拌水样溶液,插入氟离子电极和甘汞电极,在不断地搅拌下读取平衡电位值(指每分钟电位值改变小于 0.5 mV,当氟化物浓度甚低时,需 5 min 以上),并在标准曲线查出水样中氟离子的浓度。

(3)分别取氟化物标准溶液 0 mL、0.20 mL、0.40 mL、0.60 mL、1.00 mL、1.50 mL、2.00 mL、3.00 mL 于 50 mL 烧杯中,各加纯水至 10 mL。再各加入水样相同的离子强度缓冲液。此标准系列的质量浓度分别为 0 mg/L、0.20 mg/L、0.40 mg/L、0.60 mg/L、1.00 mg/L、1.50 mg/L、2.00 mg/L、3.00 mg/L。按 1~2 步骤中相同条件测定此标准系列的电位。以电位(mV)为纵坐标,氟化物的活度($PF=-\log \alpha F^-$)为横坐标,在半对数纸上绘制标准曲线。在测定过程中,标准溶液与水样的温度应该一致。

2. 标准加入法

取 50 mL 水样加入 200 mL 烧杯中,在一般情况下,可以加离子强度缓冲液后直接测定。当水样中干扰物过多时,加入 50 mL 离子强度缓冲液Ⅰ。放入磁芯搅拌棒,搅拌水样溶液,插入离子电极和饱和甘汞电极,在不断搅拌下读取平衡电位值(E_1,mV)。然后加入一小体积(小于 0.5 mL)的氟化物标准储备溶液,再次在不断搅拌下读取平衡电位值(E_2,mV),E_2 与 E_1 应相差 30~40 mV。

(六)结果计算

1. 标准曲线法

氟化物可直接在校准曲线上查得。

2. 标准加入法

水样的氟化物质量浓度的计算公式如下。

$$c=\frac{c_1V_1}{V_2-V_1}\times[10\times(E_2-E_1)/K-V_2/(V_2+V_1)]$$

式中:c 为水样中氟化物(F^-)的质量浓度(mg/L);c_1 为标准储备溶液的质量浓度(mg/L);V_1 为加入的 F^- 标准储备溶液的体积(mL);V_2 为水样体积(mL);E_1 和 E_2 为平衡电位值(mV);K 为测定水温 T ℃时的斜率。

二、茜素锆比色法

(一)原理

茜素锆比色法适用于较清洁的水样,当干扰物质过多时,水样需预先进行蒸馏。茜素红在适当的 pH 范围内能与多种金属离子形成与染料本身不同颜色的物质。锆与茜素红形成红色的内络合物比其他金属离子生成的络合物更稳定,它们结合的分子比为 1∶1。当水样中存在氟离子时,能与锆形成更稳定的 ZrF_6,无色络合物释放出茜素红,在酸性溶液中茜素红呈黄色。随氟离子浓度的增高,溶液由红色逐渐转变为黄色,比色定量。

(二)仪器

50 mL 具塞比色管。

(三)试剂

1. 氟化物标准溶液

将氟化钠(NaF)于 105 ℃烘 2 h,冷却后称取 0.221 0 g,溶于纯水中,并定容至 100 mL,吸取此溶液 10 mL,稀释至 1 000 mL,则此溶液为 1.00 mL 含 10.0 μg 氟化物的标准溶液。

2. 茜素锆溶液

(1)将 101 mL 浓盐酸加至 300 mL 纯水中,另取 33.3 mL 浓硫酸,加至 400 mL 纯水中。将上述两溶液混合后放冷。

(2)称取 0.3 g 氧氯化锆($ZrOCl_2 \cdot 8H_2O$),溶于 50 mL 纯水中,另外称取 0.07 茜素磺酸钠($C_{14}H_7O_7SNa \cdot H_2O$,又名茜素红 S),溶于 50 mL 纯水中。然后将此溶液缓缓加至氧氯化锆溶液中,放置澄清。

(3)将上述的混合酸液加至(2)溶液中,再加纯水至 1 000 mL,待溶液由红色变黄色(约 1 h)后,即可使用,避光保存。

3. 0.5%亚砷酸钠溶液

称取 0.5 g 亚砷酸钠($NaAsO_2$),溶于纯水中,并稀释至 100 mL。

(四)水样的采集和处理

采集足够满足进行水质分析的,均匀、有代表性以及不改变其理化特性的水样,将采集好的样品贮存在聚乙烯瓶或硬质玻璃瓶中,氟化物的测定应在水样中加氢氧化钠至 pH≥12,在 4 ℃的温度下,保存 24 h 内测定。

(五)测定步骤

(1)取 50.0 mL 澄清水样置于 50 mL 比色管中。如当含氟量超过 1.4 mg/L 时,可取少量水样,用纯水稀释 50 mL。当游离氯存在,对有色络合物起漂白作用时,可加入 1 滴 0.5%亚砷酸钠溶液脱氯。

(2)另取 50 mL 比色管 9 支,分别加入氟化物标准溶液 0 mL、0.50 mL、1.00 mL、2.00 mL、3.00 mL、4.00 mL、5.00 mL、6.00 mL 及 7.00 mL,用纯水稀释至 50 mL。

(3)将水样管和标准溶液管放置至室温,各加 2.5 mL 茜素锆溶液,混匀后放置 1 h,用目视法比色。茜素锆盐与氟离子作用过程受到各种因素的影响,颜色的形成在 6~7 h 仍不能达到稳定。因此,必须严格控制水样、空白和标准系列加入试剂的量,反应温度和放置时间。

(六)结果计算

水样中氟化物的质量浓度的计算公式如下。

$$c=\frac{M}{V}$$

式中:c 为水样中氟化物(F^-)质量浓度(mg/L);M 为相当于氟化物标准的含量(μg);V 为水样体积(mL)。

实验十四　砷的测定

一、二乙氨基二硫代甲酸银分光光度法

(一)原理

砷的测定可采用 HJ540—2016 固定污染源废气　砷的测定　二乙氨基二硫代甲酸银分光光度法或砷斑法。二乙氨基二硫代甲酸银分光光度法具有较好的准确度和精密度。

锌与酸作用产生新生态氢,当碘化钾和氯化亚锡存在时,五价砷还原为三价砷。三价砷与新生态氢生成砷化氢气体。通过用乙酸铅溶液浸泡的棉花去除硫化氢的干扰,然后与溶于三乙醇胺-氯仿中的二乙氨基二硫代甲酸银作用,生成棕红色的胶态银,比色定量。

(二)仪器

砷化氢发生器、分光光度计。

(三)试剂

(1)砷标准溶液

①储备溶液:称取 0.660 0 g 经 105 ℃干燥 2 h 的三氧化二砷(As_2O_3),溶于 5 mL 20%氢氧化钠溶液中。用酚酞作指示剂,以 1 mol/L 硫酸溶液中和到中性后,再加入 15 mL 1 mol/L 硫酸溶液,加纯水定容 500 mL。此溶液 1.00 mL 含 1.00 mg 砷。

②标准溶液:吸取砷标准储备溶液 10.00 mL,置于容量瓶中,加纯水定容至 100 mL,混匀。临用时,吸取此溶液 10.00 mL,置于 1 000 mL 容量瓶中,加纯水定容,混匀。此溶液 1.00 mL 含 1.00 μg 砷。

(2)1∶1 硫酸溶液。

(3)15%碘化钾溶液　称取 15 g 碘化钾(Ki),溶于纯水中并稀释至 100 mL,贮于棕色瓶内。

(4)40%氯化亚锡溶液　称取 40 g 氯化亚锡($SnCl_2 \cdot 2H_2O$),溶于 40 mL 浓盐酸中,并加纯水稀释至 100 mL,投入数粒金属锡粒。

(5)乙酸铅棉花　将脱脂棉浸入 10%乙酸铅溶液中,2 h 后取出,让其自然干燥。

(6)吸收溶液　称取 0.25 g 二乙氨基二硫代甲酸银($C_5H_{10}NS_2 \cdot Ag$),研碎后用少量氯仿溶解,加入 1.0 mL 三乙醇胺($C_6H_{15}NO_3$),再用氯仿稀释到 100 mL。必要时,静置后过滤至棕色瓶内,贮存于冰箱中。本试剂溶液中二乙氨基二硫代甲酸银浓度以 0.2%～0.25%为宜。如果浓度过低,将影响测定的灵敏度及重现性。溶解度不好的试剂应更换。实验室制备的试剂具有很好的溶解度。其制备方法是分别溶解 1.7 g 硝酸银、2.3 g 二乙氨基二硫代甲酸钠于 100 mL 纯水中,冷却到 20 ℃以下,缓缓搅拌混合。过滤生成的柠檬黄色银盐沉淀用冷的纯水洗涤沉淀数次,置于干燥器中,避光保存。

(7)无砷锌粒。

(四)水样的采集和处理

采集足够满足进行水质分析的，均匀、有代表性以及不改变其理化特性的水样，将采集好的样品贮存在聚乙烯瓶或硬质玻璃瓶中。砷的测定水样应在 4 ℃温度下保存，24 h 内测定。

(五)测定步骤

(1)吸取 50.0 mL 水样，置于砷化氢发生瓶中。

(2)另取砷化氢发生瓶 6 个，分别加入砷标准溶液 0 mL、1.00 mL、2.50 mL、5.00 mL、7.50 mL 及 10.0 mL，各加纯水至 50 mL。

(3)向水样和标准系列中各加 4 mL 1∶1 硫酸溶液，2.5 mL 碘化钾溶液及 2 mL 氯化亚锡溶液，混匀，放置 15 min。

(4)在各吸收管中分别加入 5.0 mL 吸收溶液，插入塞有乙酸铅棉花的导气管。迅速向各发生瓶中倾入预先称好的 5 g 无砷锌粒，立即塞紧瓶塞，勿使漏气。当室温下(当室温低于 15 ℃时，可用 25 ℃温水浴微热)反应 1 h，用氯仿将吸收液体积补充到 5.0 mL。在 1 h 内于 515 nm 波长，1 cm 比色皿，以氯仿作参比测定样品和标准系列溶液的吸光度。

注：颗粒大小不同的锌粒在反应中所需要的酸量不同，一般为 4～10 mL，需在使用前用标准溶液进行预试验，以选择适宜的酸量。

(5)绘制校准曲线。从曲线上查出水样管中砷的含量。

(六)结果计算

水样中砷的质量浓度的计算公式如下。

$$c=\frac{M}{V}$$

式中：c 为水样中砷(As)的质量浓度(mg/L)；M 为从校准曲线上查得的水样管中砷的含量(μg)；V 为水样体积(mL)。

二、砷斑法

(一)原理

砷斑法是一种半定量分析方法，比较简便。锌与酸作用产生新生态氢，当碘化钾和氯化亚锡存在时，五价砷还原为三价砷，三价砷与新生态氢生成砷化氢气体。通过用乙酸铅溶液浸泡的棉花去除硫化氢的干扰。在溴化汞试纸上生成黄棕色斑点，比较砷斑颜色的深浅定量。

(二)仪器

砷化氢发生瓶和测砷管。

(三)试剂

(1)砷标准溶液　同比色法。

(2)1∶1 硫酸溶液　同比色法。

(3)15%碘化钾溶液　同比色法。

(4)40%氯化亚锡溶液　同比色法。

(5)乙酸铅棉花　同比色法。

(6)5%溴化汞溶液　称取 5 g 溴化汞($HgBr_2$)，溶于 95%乙醇中稀释至 100 mL，贮于棕色瓶中。

(7)溴化汞试纸　将致密滤纸剪成直径1.8～2.0 cm的圆片，浸入5%溴化汞溶液中1～2 h。取出后在空气中晾干，保存于棕色瓶内。

(8)无砷锌粒。

(四)水样的采集和处理

采集足够满足进行水质分析的，均匀、有代表性以及不改变其理化特性的水样，将采集好的样品贮存在聚乙烯瓶或硬质玻璃瓶中。砷的测定水样应在4 ℃的温度下保存，24 h内测定。

(五)测定步骤

(1)取50 mL水样，置于砷化氢发生瓶内。

(2)另取砷化氢发生瓶7个，分别加入标准溶液0 mL、0.50 mL、1.00 mL、2.00 mL、3.00 mL、4.00 mL及5.00 mL，各加纯水至50 mL。

(3)向水样和标准溶液瓶中各加4 mL 1∶1硫酸溶液，5 mL碘化钾溶液及1 mL氯化亚锡溶液，混匀，放置15 min。

(4)将乙酸铅棉花装入测砷管中，并将溴化汞试纸夹紧于测砷管上部磨口之间。注意试纸必须夹紧，并对准孔径位置。

(5)向砷化氢发生瓶中加入5 g无砷锌粒，迅速装上测砷管并塞紧。

(6)在室温放置1 h，取出溴化汞试纸，将水样的试纸斑点颜色与标准色斑比较。

(六)结果计算

水样中砷的质量浓度的计算公式如下。

$$c=\frac{M}{V}$$

式中：c为水样中砷(As)的质量浓度(mg/L)；M为相当于砷标准色斑的含量(μg)；V为水样体积(mL)。

实验十五　铬的测定

一、原理

水中铬常以三价和六价状态存在。六价铬易被还原，特别是在酸性溶液中很快被还原为三价，所以应在pH为7～9的条件下保存水样。

GB/T 7467—1987 水质　六价铬的测定　二苯碳酰二肼分光光度法测定铬的含量是在酸性溶液中，六价铬可与二苯碳酰二肼作用，生成紫红色络合物，比色定量。当铬与二苯碳酰二肼反应时，溶液的酸度应控制在氢离子浓度为0.05～0.3 mol/L，且以氢离子浓度为0.2 mol/L时显色最稳定。在此酸度下，汞、钼与二苯碳酰二肼反应所显的色度较六价铬要浅得多。显色后10 min，再测定吸光度，可使钒与显色剂生成的颜色几乎全部消失。

二、仪器

(1)所有玻璃仪器(包括采样瓶)要求内壁光滑,不能用铬酸洗涤液浸泡,可用合成洗净剂洗涤后再用浓硝酸洗涤,然后用自来水、纯水淋洗干净。

(2)50 mL 具塞比色管、100 mL 烧杯、分光光度计。

三、试剂

(1)六价铬标准溶液　称取 0.141 4 g 经过 105～110 ℃烘至恒重的重铬酸钾($K_2Cr_2O_7$),溶于纯水中,并用纯水定容至 500 mL,此浓溶液 1.00 mL 含 0.100 mg 六价铬。吸取此浓溶液 10.00 mL,用纯水定容至 1 000 mL,则此标准溶液 1.00 mL 含 1.00 μg 六价铬。

(2)0.25%二苯碳酰二肼丙酮溶液　称取 0.25 g 二苯碳酰二肼[$OC(HN\cdot NH\cdot C_6H_5]_2$,又名二苯氨基脲,溶于 100 mL 丙酮中。盛于棕色瓶中置冰箱内可保存半个月,颜色变深不能再用。

(3)1∶7 硫酸溶液　将 10 mL 浓硫酸缓慢加入 70 mL 纯水中。

四、水样的采集和处理

采集足够满足进行水质分析的,均匀、有代表性以及不改变其理化特性的水样,将采集好的样品贮存在聚乙烯瓶或硬质玻璃瓶中。因铬酸盐离子可被玻璃容器表面吸附,特别是当表面有磨损时,吸附更为严重,因此,应在采样的当天进行测定。水样保存时间被延长,可导致测定结果偏低。

五、测定步骤

(1)当吸取 50.0 mL 水样(当含六价铬超过 10 μg 时,可吸取适量水样稀释至 50.0 mL),置于 50 mL 比色管中。

(2)另取 50 mL 比色管 9 支,分别加入六价铬标准溶液 0 mL、0.25 mL、0.50 mL、1.00 mL、2.00 mL、4.00 mL、6.00 mL、8.00 mL、10.00 mL,加纯水至刻度。

(3)向水样及标准管中各加 2.0 mL 1∶7 硫酸溶液及 2.5 mL 二苯碳酰二肼丙酮溶液,立即混匀,放置 10 min。

注:温度和放置时间对显色都有影响。当温度为 15 ℃时颜色最稳定。当显色后 2～3 min,颜色可达最深,且于 5～15 min 保持稳定。

(4)于 540 nm 波长下用 3 cm 杯,以纯水为参比,测定样品及标准系列溶液的吸光度。

(5)当原水样有颜色时,另取与(4)～(1)条所取水样量相同的水样于 100 mL 烧杯中,加入 2.5 mL 1∶7 硫酸溶液,置电炉上煮沸 2 min,使水样中的六价铬还原为三价。溶液冷却后转入 50 mL 比色管中,加纯水至刻度后再多加 2.5 mL,摇匀后加入 2.5 mL 二苯碳酰二肼丙酮溶液,摇匀,放置 10 min。测定此水样空白吸光度。

(6)绘制校准曲线,在曲线上查出样品管中六价铬的含量。

(7)有颜色的水样应由(4)测得的样品管溶液的吸光度减去(5)测得的水样空白吸光度,再在校准曲线上查出样品管中六价铬的含量。

六、结果计算

水样中六价铬的质量浓度的计算公式如下。

$$c = \frac{M}{V}$$

式中：c 为水样中六价铬(Cr^{6+})的质量浓度(mg/L)；M 为从校准曲线上查得的样品管中六价铬的含量(μg)；V 为水样体积(mL)。

第五章

水中微生物学指标的测定

实验目标

• 理解水中微生物学指标测定对于水质安全的重要意义。
• 掌握细菌总数测定和多管发酵法测定大肠菌群数量的原理和方法。
• 熟练运用测定方法,为选择干净的符合卫生学标准的水源和评定水质打好基础。

实验一　细菌总数的测定

一、原理

细菌总数是指每毫升检样在需氧条件,37 ℃的温度下,培养 48 h,能在普通营养琼脂平板上生长的细菌菌落总数。

二、仪器

恒温箱、吸管、广口瓶或三角瓶(容量为 500 mL)、平皿(直径为 90 mm)、试管、放大镜、菌落计数器、酒精灯、试管架、灭菌镊子、琼脂培养基和试剂。

三、水样的采集和处理

采集足够满足进行水质分析的,均匀、有代表性的水样,将采集好的样品贮存在聚乙烯瓶或硬质玻璃瓶中。供细菌总数检测水样保存的容器和设备应按照卫生标准进行消毒灭菌处理,并保证样品在转移和保存过程不受污染。如果不能及时检测,应保存在 4 ℃的温度下,尽快在无菌条件下检测。

四、测定步骤

(1)用灭菌吸管吸取 2 mL 水样,分别注入 2 个灭菌培养皿中,每个皿 1 mL。

(2)向 2 个培养皿内分别注入约 15 mL 已融化并冷却到 45 ℃左右的琼脂培养基,并立即在平面旋转,使水样与培养基充分混合均匀。

(3)另取一灭菌培养皿,注入琼脂培养基 15 mL 做空白对照。

(4)待上述培养基凝固后,倒置于 37 ℃的温箱中,培养 48 h,进行菌落计数。2 个培养皿的平均菌落数即为 1 mL 水样中的菌落总数。

(5)菌落计数方法。做平板菌落计数时,可用肉眼观察,必要时用放大镜检查,以防遗漏。在记下各平板的菌落数后,求出平均菌落总数。

(6)菌落数的报告。当菌落数在 100 个以内时,按实有数报告;当菌落数大于 100 个时,采用 2 位有效数值,在 2 位有效数值后面的数字,以四舍五入方法计算。为了缩短数字后面的零数也可用 10 的指数来表示(个/mL)。

注:我国卫生学标准规定生活用水的菌落总数每毫升不得超过 100 个。

实验二 总大肠菌群的测定

一、原理

总大肠菌群可用多管发酵法或滤膜法检验。HJ 347.2—2018 水质 粪大肠菌群的测定 多管发酵法的原理是根据大肠菌群细菌能发酵乳糖、产酸产气以及具备革兰氏染色阴性,无芽孢,呈杆状等有关特性,通过 3 个步骤进行检验,求得水样中的总大肠菌群数。

二、仪器

(1)高压蒸气灭菌器。

(2)恒温培养箱、冰箱。

(3)生物显微镜、载玻片。

(4)酒精灯、镍铬丝接种棒。

(5)培养皿(直径 100 mm)、试管(5 mm×150 mm)、吸管(1 mL、5 mL、10 mL)、烧杯(200 mL、500 mL、2 000 mL)、锥形瓶(500 mL、1 000 mL)和采样瓶。

三、培养基及染色剂的制备

(一)乳糖蛋白胨培养液

将 10 g 蛋白胨、3 g 牛肉膏、5 g 乳糖和 5 g 氯化钠加热溶解于 1 000 mL 蒸馏水中,调节溶液 pH 为 7.2～7.4,再加入 1.6%溴甲酚紫乙醇溶液 1 mL,充分混匀,分装在试管中,于 115 ℃高压灭菌器中灭菌 20 min,贮存于冷暗处,备用。

(二)三倍浓缩乳糖蛋白胨培养液

按上述乳糖蛋白胨培养液的制备方法配制。除蒸馏水外,各组分用量增加至 3 倍。

(三)品红亚硫酸钠培养基

(1)储备培养基的制备 于 2 000 mL 烧杯中,先将 20～30 g 琼脂加到 900 mL 蒸馏水中,加热溶解，然后加入 3.5 g 磷酸氢二钾及 10 g 蛋白胨，混匀，使其溶解，再用蒸馏水补充到 1 000 mL，调节溶液 pH 至 7.2～7.4。趁热用脱脂棉或绒布过滤，再加 10 g 乳糖，混匀，定量分装于 250 mL 或 500 mL 锥形瓶内，置于高压灭菌器中，在 121 ℃的温度下，灭菌 15 min，贮存于冷暗处，备用。

(2)平皿培养基的制备 将上法制备的贮备培养基加热融化。根据锥形瓶内培养基的容量，用灭菌吸管按比例吸取一定量的 5%碱性品红乙醇溶液，置于灭菌试管中。再按比例称取无水亚硫酸钠置于另一灭菌空试管内，加灭菌水少许，使其溶解，再置于沸水浴中煮沸 10 min(灭菌)。用灭菌吸管吸取已灭菌的亚硫酸钠溶液，滴加于碱性品红乙醇溶液内至深红色，再褪至淡红色为止(不宜加多)。将此混合液全部加入已融化的储备培养基内，并充分混匀(防止产生气泡)。立即将此培养基适量(约 15 mL)倾入已灭菌的平皿内，待冷却凝固后，置于冰箱内，备用，但保存时间不宜超过 2 周。如培养基已由淡红色变成深红色，则不能再用。

(四)伊红亚甲蓝培养基

(1)储备培养基的制备 于 2 000 mL 烧杯中，先将 20～30 g 琼脂加到 900 mL 蒸馏水中，加热溶解。再加入 2 g 磷酸二氢钾及 10 g 蛋白胨，混合使之溶解，用蒸馏水补充至 1 000 mL，调节溶液 pH 至 7.2～7.4。趁热用脱脂棉或绒布过滤，再加入 10 g 乳糖，混匀后定量分装于 250 mL 或 500 mL 锥形瓶内，于 121 ℃高压灭菌 15 min，贮于冷暗处备用。

(2)平皿培养基的制备 将上述制备的储备培养基融化。根据锥形瓶内培养基的容量，用灭菌吸管按比例分别吸取一定量已灭菌的 2%伊红水溶液(0.4 g 伊红溶于 20 mL 水中)和一定量已灭菌的 0.5%亚甲蓝水溶液(0.065 g 亚甲蓝溶于 13 mL 水中)，加入已融化的储备培养基内，并充分混匀(防止产生气泡)，立即将此培养基适量倾入已灭菌的空平皿内，待冷却凝固后，置于冰箱内备用。

(五)革兰氏染色剂

(1)结晶紫染色液 将 20 mL 结晶紫乙醇饱和溶液(称取 4～8 g 结晶紫溶于 100 mL 95%乙醇中)和 80 mL 1%草酸铵溶液混合、过滤。该溶液放置过久会产生沉淀，不能再用。

(2)助染剂 将 1 g 碘与 2 g 碘化钾混合后，加入少许蒸馏水，充分振荡，待完全溶解后，用蒸馏水补充至 300 mL。此溶液 2 周内有效。当溶液由棕黄色变为淡黄色时，应弃去。为易于储备，可将上述碘与碘化钾溶于 30 mL 蒸馏水中，临用前再加水稀释。

(3)脱色剂 95%乙醇。

(4)复染剂 将 0.25 g 沙黄加到 10 mL 95%乙醇中，待完全溶解后，加 90 mL 蒸馏水。

四、水样的采集和处理

采集足够满足进行水质分析的，均匀、有代表性的水样，将采集好的样品贮存在聚乙烯瓶或硬质玻璃瓶中。供大肠杆菌的检测水样保存的容器及检测用设备应按照卫生标准进行消毒灭菌处理，并保证样品转移和保存过程不受污染，如不能及时检测，应保存在 4 ℃温度下，尽快在无菌条件下检测。

五、测定步骤

(一)初发酵试验

在 2 个装有已灭菌的 50 mL 3 倍浓缩乳糖蛋白胨培养液的大试管或烧瓶中(内有倒管)，

以无菌操作各加入已充分混匀的水样 100 mL。在 10 支装有已灭菌的 5 mL 3 倍浓缩乳糖蛋白胨培养液的试管中(内有倒管),以无菌操作加入充分混匀的水样 10 mL,混匀后置于 37 ℃的恒温箱内培养 24 h。

(二)平板分离

上述各发酵管经培养 24 h 后,将产酸、产气及只产酸的发酵管分别接种在伊红亚甲蓝培养基或品红亚硫酸钠培养基上,置于 37 ℃恒温箱内培养 24 h,挑选符合下列特征的菌落。

(1)伊红亚甲蓝培养基　深紫黑色,具有金属光泽的菌落;紫黑色,不带或略带金属光泽的菌落;淡紫红色,中心色较深的菌落。

(2)品红亚硫酸钠培养基　紫红色,具有金属光泽的菌落;深红色,不带或略带金属光泽的菌落;淡红色,中心色较深的菌落。

(三)染色

取有上述特征的群落进行革兰氏染色。

(1)用已培养 18～24 h 的培养物涂片,涂层要薄。

(2)将涂片在火焰上加温固定,待冷却后滴加结晶紫溶液,1 min 后用水洗去。

(3)滴加助染剂,1 min 后用水洗去。

(4)滴加脱色剂,摇动玻片,直至无紫色脱落为止(20～30 s),用水洗去。

(5)滴加复染剂,1 min 后用水洗去,晾干、镜检,呈紫色者为革兰氏阳性菌,呈红色者为阴性菌。

(四)复发酵试验

上述涂片镜检的菌落如为革兰氏阴性无芽孢的杆菌,则挑选该菌落的另一部分接种于装有普通浓度乳糖蛋白胨培养液的试管中(内有倒管),每管可接种分离自同一初发酵管(瓶)的最典型菌落 1～3 个,然后置于 37 ℃的恒温箱中培养 24 h,有产酸、产气者(不论导管内气体多少皆作为产气论),即证实有大肠菌群存在。根据证实有大肠菌群存在的阳性管(瓶)数,查大肠菌群数(表 5-1),报告每升水样中的大肠菌群数。

表 5-1　大肠菌群数

10 mL 水量的阳性管(瓶)数	100 mL 水量的阳性管(瓶)数(1 L 水样中的大肠菌群数)		
	0	1	2
0	<3	4	11
1	3	8	18
2	7	13	27
3	11	18	38
4	14	24	52
5	18	30	70
6	22	36	92
7	27	43	120
8	31	51	161
9	36	60	230
10	40	69	>230

第六章

饮水氯化消毒指标的测定

实验目标

- 了解饮水消毒的原理和影响饮水消毒效果的因素。
- 熟练掌握饮水消毒设备的使用方法。
- 掌握饮水氯化消毒时有关指标的实验室检验技术，以便为实施饮水消毒工作提供必要的依据。

实验一　漂白粉中有效氯含量的测定

一、碘量法

(一)原理

漂白粉在酸性溶液中与碘化钾起氧化作用而释出碘，再用硫代硫酸钠标准溶液来滴定碘，然后根据硫代硫酸钠标准溶液的用量来计算出漂白粉中的有效氯含量。

$$KI + CH_3COOH = CH_3COOK + HI$$

$$2HI + Ca(OCl)Cl = CaCl_2 + H_2O + I_2$$

$$I_2 + 2Na_2S_2O_3 = 2NaI + Na_2S_4O_6$$

(二)仪器

250 mL 碘量瓶、滴定管、研钵。

(三)试剂

(1)硫代硫酸钠标准溶液配制

①0.2 mol/L 硫代硫酸钠标准溶液配制：称取 25 g 分析纯硫代硫酸钠($Na_2S_2O_3 \cdot 5H_2O$)，溶于 1 L 煮沸放冷的蒸馏水中，此溶液浓度约为 0.2 mol/L，加入 0.4 g 氢氧化钠或 0.2 g 无水碳酸钠，以防分解，贮存于棕色瓶内，可保存数月。

②硫代硫酸钠标准溶液浓度标定：准确称取 0.1 g 已在 120 ℃烘至恒重的基准 $K_2Cr_2O_7$ 3

份，分别放在 250 mL 带塞锥形瓶中，加约 25 mL 水，使其溶解，加 2 g KI，20 mL 20% H_2SO_4(1+4)或 HCl 溶液(4 mol/L)5 mL，塞好塞子后，充分混匀，以水封口，在暗处放 10 min，取出，稀释至约 100 mL，用硫代硫酸钠标准溶液滴定。当溶液由棕红色变为浅黄绿色时，加 3 mL 5 g/L 淀粉，一边旋摇锥形瓶，一边滴定至溶液由黄绿色变为蓝色即到达终点。

(2)计算　硫代硫酸钠标准溶液的浓度按下式计算。

$$c=\frac{M}{0.049\ 32(V_1-V_0)}$$

式中：c 为硫代硫酸钠标准溶液的物质浓度(mol/L)；M 为重铬酸钾的质量(g)；V_1 为硫代硫酸钠标准溶液的用量(mL)；V_0 为空白试验硫代硫酸钠标准溶液的用量(mL)；0.049 03 为与 1.00 mL 硫代硫酸钠标准溶液相当的以克表示的重铬酸钾的质量。

(3)0.1 mol/L 硫代硫酸钠标准溶液配制　将经过标定的硫代硫酸钠标准溶液用适量蒸馏水稀释至 0.1 mol/L。

(4)0.5%淀粉溶液　称取 0.5 g 可溶性淀粉，用少量蒸馏水调成糊状，在不断搅拌下加刚煮沸的蒸馏水至 100 mL。临用时，配制。

(5)碘化钾。

(6)冰醋酸。

(四)测定步骤

(1)将具有代表性的漂白粉样品用研钵磨碎后，准确称取 0.71 g，置于烧杯内。

(2)加 5 mL 左右蒸馏水，用玻璃棒拌成糊状，再加蒸馏水使成悬浮液，倾入 100 mL 容量瓶中，用蒸馏水冲洗烧杯 3 次，一并倾入容量瓶中，加蒸馏水至刻度，振荡混合均匀。

(3)取 250 mL 碘量瓶，加入 0.75 g 碘化钾及 80 mL 蒸馏水，待溶解后，再加入 2 mL 冰醋酸。

(4)由容量瓶中吸取 25 mL 样品悬浮液，放入上述碘量瓶中(此时溶液即成棕黄色)，振荡均匀，静置 5 min。

(5)用 0.1 mol/L 硫代硫酸钠标准溶液滴定，不断振摇，至溶液变为淡黄色时，加入 1 mL 0.5%淀粉溶液，继续滴定至蓝色刚褪为止，记录用量。

(五)结果计算

漂白粉所含有效氯的计算公式如下。

$$有效氯=V\times0.050\ 0\times(70.91/2\ 000)\times(100/25)\times(100/0.71)$$

式中：V 为 0.1 mol/L 硫代硫酸钠标准溶液用量(mL)。

因此，硫代硫酸钠标准溶液的用量即直接代表该漂白粉所含有效氯的百分比。

二、快速测定法(蓝墨水法)

(一)原理

蓝墨水能为有效氯所漂白，所以可根据消耗蓝墨水的体积，推算出漂白粉中有效氯的含量。

(二)仪器

白瓷皿。

(三)试剂

市售蓝墨水,只要未掺水和没有沉淀,各种牌号均可。

(四)测定步骤

(1)取 0.5 g 混合均匀的漂白粉样品于玻璃瓶中,加入 10 mL 清洁水,连续摇动 1 min(约摇 200 次),静置 5 min,倾出上清液,摇匀,用吸管吸出 33 滴于白瓷皿中。洗净并擦干吸漂白粉溶液的吸管,再吸蓝墨水,滴加于白瓷皿中,搅拌,直至出现蓝绿色不褪为止。记录蓝墨水所消耗的滴数,即为该漂白粉中有效氯的百分数。

(2)测定漂白粉样中有效氯的方法同上,但只要吸取样品 20 滴。在计算有效氯百分数时,将所消耗蓝墨水滴数乘 2 倍,即得。

注:①漂白粉中有效氯含量过少(<10%),用蓝墨水滴定会出现污紫色,终点不明显,可重新吸取漂白粉上清液,加 1∶1 盐酸 1 滴,再测。②本法误差较大,当无其他检验条件时,可做粗略测定。

实验二　水中加氯量的测定

一、原理

向水样中加入不同量的有效氯溶液,经 30 min 后,测定水中的余氯,找出余氯在 0.3～0.5 mg/L 范围内的水样,然后根据所加有效氯的量,计算出加氯量。

二、仪器

250 mL 有玻璃塞的锥形瓶、50 mL 比色管。

三、试剂

(一)有效氯标准溶液的配制

(1)1%左右有效氯溶液　称取适量已知有效氯量的漂白粉,加少量蒸馏水调成糊样,再加蒸馏水稀释至 200 mL,迅速过滤 1 次。

(2)用硫代硫酸钠标准溶液测定 1%左右有效氯溶液的准确浓度。测定方法参阅“漂白粉中有效氯含量测定”。

(3)根据计算结果,吸取适量的 1%左右有效氯溶液,用需氯量为零的蒸馏水稀释至 100 mL,配成准确的 0.10%有效氯标准溶液(此溶液含有 1 000 mg/L 有效氯)。此溶液易于分解,必须每次在使用时重新测定 1%左右有效氯溶液的浓度,再加以稀释配制。

(二)需氯量为零的蒸馏水

(1)如果实验室的蒸馏水不含氨及亚硝酸盐,取蒸馏水煮沸 5 min,冷却后,就可以作为需氯量为零的蒸馏水。

(2)取蒸馏水 3 L 放于 5 L 蒸馏水瓶中,加入 0.2～0.3 mL 1%有效氯溶液,盖紧玻璃塞,用力振荡,放置过夜。第二天将蒸馏水曝于日光下直接照射,利用日光破坏水中的余氯。隔相当时间后,取水样用邻联甲苯胺溶液检验,直至水中氯完全被分解为止。

(3)1%邻联甲苯胺溶液　参阅“水中余氯的测定”。

四、测定步骤

(1)取 6 个 250 mL 有玻璃塞的锥形瓶(或烧杯),编好号数,分别加入 200 mL 水样,然后分别依次加入 0.10%有效氯标准溶液 0.1 mL、0.2 mL、0.4 mL、0.6 mL、0.8 mL、1.0 mL;摇匀,记录时间(加氯溶液时,每瓶应相隔 2～3 min,以便有充分时间测定其余氯)。

(2)静置 30 min 后,从上述各瓶中各取出 50 mL 水样放于加有 2.5 mL 邻联甲苯胺溶液的比色管中,混合均匀后测定各瓶的余氯含量(参阅“水中余氯的测定”)。

(3)选择余氯在 0.3～0.5 mg/L 的 1 瓶作为标准,计算加氯量。

五、结果计算

加氯量(mg/L)的计算公式如下。

$$加氯量=有效氯溶液\times 1\times 1\,000/200=有效氯溶液用量\times 5$$

式中:1 为 0.1%有效氯溶液 1 mL 含 1 mg Cl_2;200 为水样体积。

实验三　水中余氯的测定

一、原理

采用邻联甲苯胺比色法,邻联甲苯胺与水中的余氯作用,生成黄色化合物。根据颜色深度,与永久性余氯标准色列比色。

二、仪器

50 mL 比色管(具塞)、六孔比色架、永久性余氯标准色列。

三、试剂

(一)永久性余氯比色溶液的配制

(1)磷酸盐缓冲储备溶液　将无水磷酸氢二钠(Na_2HPO_4)和无水磷酸二氢钾(KH_2PO_4)置于 105 ℃烘箱内 2 h,冷却后,分别称取 22.86 g 和 46.14 g。将此 2 种试剂共溶于蒸馏水中,并稀释至 1 000 mL,至少静置 4 d,胶状杂质凝聚沉淀,过滤。

(2)磷酸盐缓冲使用溶液　吸取 200.0 mL 磷酸盐缓冲储备溶液,加蒸馏水稀释至 1 000 mL,此溶液的 pH 为 6.45。

(3)重铬酸钾-铬酸钾溶液　称取干燥的 0.155 0 g 重铬酸钾及 0.465 0 g 铬酸钾,溶于磷酸盐缓冲使用溶液中,并稀释至 1 000 mL。此溶液所产生的颜色相当于 1 mg/L 余氯与邻联甲苯胺所产生的颜色。

(4)0.01～1.0 mg/L 永久性余氯标准比色管的配制方法　按表 6-1 所列数量，吸取重铬酸钾-铬酸钾溶液，分别注入 50 mL 具塞比色管中，用磷酸盐缓冲使用溶液稀释至 50 mL 刻度。避免日光照射，可保存 6 个月。

表 6-1　余氯标准比色液配制表

余氯/(mg/L)	重铬酸钾-铬酸钾溶液/mL	余氯/(mg/L)	重铬酸钾-铬酸钾溶液/mL
0.01	0.5	0.50	25.0
0.03	1.5	0.60	30.0
0.05	2.5	0.70	35.0
0.10	5.0	0.80	40.0
0.20	10.0	0.90	45.0
0.30	15.0	1.00	50.0
0.40	20.0		

(二)邻联甲苯胺溶液

称取 1 g 邻联甲苯胺($C_{14}H_{16}N_2$)，溶于 5 mL 体积分数 20% 盐酸中，将其调成糊状，加入 150～200 mL 蒸馏水使其完全溶解，置于量筒中，补加水至 505 mL，最后加入体积分数 20% 盐酸 495 mL，盛于棕色瓶内，在室温下保存，可使用 6 个月。

四、测定步骤

(1)取 50 mL 比色管 1 支，先放入 2.5 mL 邻联甲苯胺溶液，再加入澄清水样 50 mL，混合均匀(水样的温度最好为 15～20 ℃，如果低于此值，应先将水样在温水浴中使温度提高到 15～20 ℃)。

(2)置于暗处，在 5 min 以内，将其与永久性余氯标准色列进行比色。

(3)如余氯浓度很高，会产生橘黄色。若水样碱度过高而余氯浓度较低时，将产生淡绿色或淡蓝色，此时可多加 1 mL 邻联甲苯胺溶液，即产生正常的淡黄色。

(4)如水样浑浊或色度较高，则应另取 3 支比色管，1 管加蒸馏水，其他 2 管加水样(但不加邻联甲苯胺溶液)，用六孔比色架进行比色。

注:①当水中含有悬浮性物质时，应该用离心法去除。②如配成的邻联甲苯胺溶液具有淡黄色，则不宜使用。此时，可于每升溶液中加入 1 g 左右活性炭，并加热煮沸 2～3 min，放置过夜后，再进行过滤，即可脱色。

实验四　含氯消毒剂的现场制备与使用

次氯酸钠的消毒效果确切，价格低廉，使用方便。虽然次氯酸钠易于从市场中购买，但是各种原因导致市售次氯酸钠产品中的有效氯含量往往不准确，从而造成在配液时把握不好浓度，影响消毒效果。因此，使用含氯消毒剂的理想方法就是在消毒现场自行制备，现配现用。

次氯酸钠发生器就是一种现场制备次氯酸钠的仪器。其制备方法一般以食盐和水为原料，采用电解技术电解食盐水来产生次氯酸钠。因此，该方法的原料来源方便，且价格低廉，易于现场自行制备次氯酸钠。目前，次氯酸钠发生器已由传统的第一代发展到第四代，即实现消毒液生产过程自控化。通常比较理想的次氯酸钠发生器要求其生产出来的消毒液中有效氯的含量稳定，可直接稀释后使用，并且生产过程自控化、设备使用寿命长、设备保障性能高等。

Mini TBM2W 消毒液机通过采用多智能控制模式，真正实现了消毒液生产过程自控化，达到了第四代次氯酸钠发生器的技术标准。本实验教材以 Mini TBM2W 消毒液机为例，介绍如何在现场自行制备含氯消毒剂。

一、技术原理

采用直流电解技术电解食盐水来产生次氯酸钠消毒液：$NaCl+H_2O \longrightarrow NaClO+H_2\uparrow$。

二、生产设备

次氯酸钠发生器、型号 Mini TBM2W 消毒液机。

三、材料

食盐、水。

四、测定步骤

(1)根据需要，选择不同的水盐比例，即 1 L 水配 1 勺(30 g)盐，2 L 水配 2 勺(60 g)盐，将盐和水倒入反应室，晃动使盐充分溶解，再加水至所需刻度。

(2)将反应室安放在机体上。

(3)打开电源开关。

(4)选择工作档位。

(5)工作结束，结束灯亮并报警。

(6)将制备好的消毒液倒入密闭容器，避光保存，一般可保存 1 周，也可在反应室内存放。

五、技术参数

(一)加工时间、容积与有效浓度

使用中的加工时间、容积与有效浓度参数如表 6-2 所列。

表 6-2　加工时间、容积与有效浓度对照表

序号	加水量/L	加盐量/g	加工时间/min	消毒液浓度/(mg/L)	兑水系数
1	1	30	一挡 30	1 000	0.5
			二挡 60	2 000	1.0
			三挡 120	4 000	2.0
2	2	60	一挡 30	500	0.25
			二挡 60	1 000	0.5
			三挡 120	2 000	1.0

(二)消毒液的使用方法

根据消毒对象把制备出来的消毒原液稀释成适当浓度后，擦拭、喷洒、浸泡、洗涤等，保持作用时间 5～30 min，对病原体的杀灭率可达 99.9%以上，延长作用时间，则消毒效果更佳。表 6-3 和表 6-4 分别列出畜禽养殖中消毒液的使用方法，以供参考。

表 6-3 家畜生产中消毒浓度及消毒时间

消毒对象	消毒液浓度/(mg/L)	使用方法	作用时间/min
空栏消毒	300	喷雾	30
带畜消毒	200	喷雾	20
饮水消毒	6～12	随兑随用	
饲槽、饮水器	200	浸泡冲刷	30
分娩舍、仔畜舍	200	喷雾	30
发病期	300	喷雾	30
环境消毒	300	喷雾	30
饲养用具	200	浸泡冲刷	30
工作服消毒	100	浸泡	30

表 6-4 家禽生产中消毒及消毒时间

消毒对象	消毒液浓度/(mg/L)	使用方法	作用时间/min
空舍消毒	300	喷雾	30
带禽消毒	200	喷雾	20
孵化室	100	喷雾	30
孵化器具	200	浸泡	30
种蛋	100	浸泡	5
人员洗手消毒	100	浸泡	2
饮水消毒	6～12	随兑随用	
饲槽、饮水器	200	浸泡冲刷	30
消毒池、槽	500	每天更换	
发病期	300	喷雾	30
环境消毒	300	喷雾	30
饲养用具	200	浸泡冲刷	30
工作服消毒	100	浸泡	30

(三)优点

(1)制备方便、价格低廉、有效氯含量恒定、消毒效果强力广谱、无残留污染和使用范围广。

(2)较理想的次氯酸钠发生器在畜牧水产养殖场、防疫、检疫、兽医站、动物医院、屠宰场、食品加工场及卫生领域等具有极其广泛的应用范围。

第七章

畜牧场及畜舍指标的计算与设计

实验目标

- 掌握最低换气量、最大换气量的计算方法及实效换气量估测方法，为评价畜舍通风换气状态和设计畜舍通风系统提供依据。
- 掌握识别图纸的知识，学习通过审查建场各项建筑设计的图纸，判断(评价)畜牧场的设计是否合乎畜牧经营管理和环境卫生要求，以便向有关部门(人员)提出合理化建议，修正设计或施工方案。
- 学习畜牧场生产工艺设计方案的编写，初步熟悉和掌握畜牧场整体布局和规划的基本原则，并能根据要求初步拟定一个畜牧养殖场的完整规划和建筑布局。
- 要求能对畜牧场进行分区，能初步绘制畜牧场总平面布局平面图。

实验一　畜舍换气量的计算

一、最低换气量的计算

畜舍空气环境的构成因素可简略地视为空气自身和其污染物质。其污染物质主要是家畜自身或生产过程中产生的气体。空气中的氧气在家畜呼吸代谢中转化为二氧化碳气体，粪尿也会产生氨、硫化氢和二氧化碳，因此，二氧化碳是畜舍中的常在气体。它的浓度高低代表了空气的污浊程度，降低二氧化碳浓度意味着改善了空气卫生环境，即畜舍换气量调解也为空气卫生环境调控的首选方案。

虽然与舍饲家畜的生产和疾病密切相关的空气卫生环境日益受到人们的重视，但是畜舍设计最关心的不是空气环境而是温热环境。冬季换气量是增加生产成本的重要因素。在能量成本高的时候，人们往往把换气量降低到危害畜禽健康和安乐的水平。轻视空气质量不仅会降低生产的数量与质量，而且会导致家畜患病，增加死淘率。

(一)空气卫生环境指标

舍内空气卫生环境调节的经验数值用二氧化碳浓度标示，肥育舍和育成舍的二氧化碳浓度应低于 0.3%，挤乳舍、哺乳舍、育雏舍的二氧化碳浓度应低于 0.2%。如果是短时间的容忍值，肥育舍和育成舍的二氧化碳浓度应低于 0.5%，挤乳舍、哺乳舍和育雏舍的二氧化碳浓度应低于 0.3%。畜禽舍小气候参数可以参照附录三，在实践中应按照相关的生产标准执行。

(二)物质平衡方程

畜舍内的家畜产生二氧化碳，当通过换气进行舍内外空气交换时，下面的物质平衡方程成立。

$$G\mathrm{d}t = V_d \sigma + \sigma V_e \mathrm{d}t$$

式中：G 为二氧化碳产生量（m^3/s）；V_d 为畜舍的容积（m^3）；V_e 为换气量（m^3/s）；σ 为舍内外二氧化碳浓度差（m^3/m^3）；t 为时间（s）。

当初始条件 $t=0$ 时 $\sigma=0$，积分系数为 V_e/G，在 t 时间后舍内二氧化碳浓度积聚至 c_t，舍外二氧化碳浓度 c_o，则 $\sigma=c_t-c_o$；经过充分长时间后，当二氧化碳浓度达到安定值 c_i 时，则下面的关系成立。

$$V_e = \frac{G}{c_i - c_o}$$

我们把舍外二氧化碳浓度视为定值 $c_o=0.034\%$，舍内二氧化碳浓度 c_i 为设定值，$c_i=0.3\%$ 或 $c_i=0.2\%$，只要知道二氧化碳的产生量，就可以计算保持空气卫生环境之最低换气量。

(三)实用公式

1945 年 Brody 推断动物平均每产生 24.6 kJ 热量就会呼出 0.001 m^3 的二氧化碳，1981 年 Bruce 换算为 $4.5\times10^{-8}\,m^3/sW$，1983 年 Scott 试验证实其可行性。目前，产热量测定主要采用氧气消耗量来估算产热量之快速测定法，故二氧化碳产生量数据贫乏，利用产热量计算最低换气量增加对最新数据的利用途径，保证 c_i 为 0.2%、0.3%、0.5%的换气量计算公式分别列于下方。

$$V_{0.2}=2.71\times10^{-2}Q_{HP};\quad V_{0.3}=1.69\times10^{-2}Q_{HP};\quad V_{0.5}=9.66\times10^{-3}Q_{HP}$$

式中：$V_{0.2}$、$V_{0.3}$、$V_{0.5}$为当舍内二氧化碳浓度保持在 0.2%、0.3%、0.5%的换气量（m^3/h）；Q_{HP} 为舍内所有家畜的产热量之和（kJ/h）。

国内外多个实验测算证实在舍外设计温度为 5 ℃以下时，二氧化碳浓度法确定的最低换气量高于水汽平衡法确定的换气量，故此换气量也可充分除去舍内的水汽。

二、通风时保持舍温的热量补充计算

为了维持畜舍的最低换气量和生产所必需的舍内设计温度，应先依靠隔热设计降低畜舍外围护结构的热移动，充分利用家畜的显热散热量，加热换气所导入的冷空气不足时，再补充必要的采暖热源。

(一)畜舍的热平衡

冬季畜舍的热平衡可用下列公式计算。

$$Q_a + Q_e + Q_s + Q_w + Q_{vo} = Q_b + Q_{vi}$$

式中：Q_a 为家畜的显热散热量；Q_e 为舍内电器的散热量；Q_s 为采暖热量；Q_w 为结露释放出的显热量（+）或水汽蒸发消耗的显热量（−）；Q_{vo} 为入气的显热量；Q_b 为畜舍外围护结构的失热

量；Q_{vi}为排气的显热量。

由于 Q_e 极小可忽略不计，结露主要发生在隔热不足且窗户面积很大的畜舍，在隔热良好的畜舍，结露极少发生。一般条件下，水汽蒸发量（饮水器漏水、粪尿处理不当），Q_w 也可忽略。这样畜舍的热平衡可以简化为：$Q_b = Q_a + Q_s + Q_{vo} - Q_{vi}$。其中

$$Q_{vi} - Q_{vo} = c_p \frac{V_e}{\upsilon}(T_i - T_o)$$

式中：c_p 为空气的定压比热容（1.005 kJ/kg）；V_e 为换气量（m^3/h）；T_i 为舍内气温；T_o 为舍外气温；υ 为舍内外气温平均值时的空气的比体积（m^3/kg）。

$$Q_b = FK(T_i - T_o)$$

式中：F 为外围护结构的总面积；K 为外围护结构的平均总传热系数。

（二）不采暖条件下的热平衡方程

外围护结构主要包括屋顶、墙壁、窗、门、基础 5 个部分，FK 为各围护结构面积和总传热系数的乘积和（$\Sigma F_i K_i$），一般说来，畜牧科技人员提出设计参数包括最低换气量（V_e），畜栏及平面布局及相应面积，提出门、窗、墙壁、屋顶各部分的尺寸。因此，围护结构各部分的面积（F）也就被确定了，余下来的工作就是选材。根据导热系数确立围护结构的材料层厚度、复合，试算出各部分传热系数（K），使之符合根据上述公式计算之 FK 值的要求。相关结构热力学参数参见附录四至附录九。

$$FK = \frac{Q_a}{(T_i - T_o) - \dfrac{1.005V_e}{\upsilon}}$$

（三）采暖热量

当仅仅依赖围护结构隔热不能满足要求时（FK 为负值），或者在隔热要求过高，技术经济上难以承受的情况下，补充采暖则成为必要环境调节手段。补充采暖热量可用下列公式计算。

$$Q_s = \frac{FK + 1.005V_e}{\upsilon}(T_i - T_o) - Q_a$$

三、最大换气量的计算

在可导致家畜热应激的高温环境下，换气设计应以改善温热环境为中心。在不使用制冷系统的条件下，企图将舍内气温降到舍外气温以下很困难，人们期待着提供最大换气量带走家畜产生的水汽和热量。确定畜舍换气量，要综合考虑畜舍温度、湿度及空气卫生状况（图 7-1）。

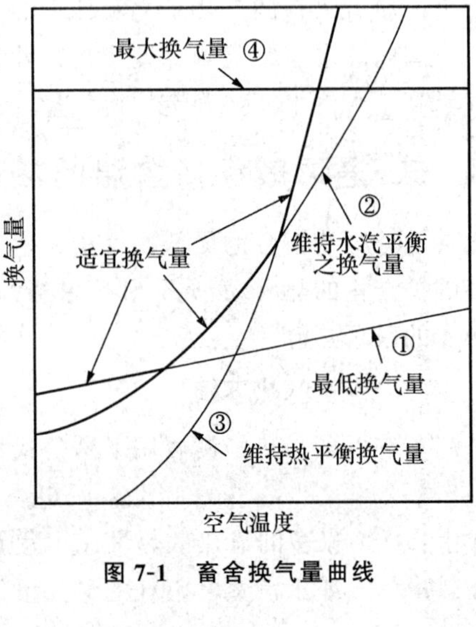

图 7-1 畜舍换气量曲线

舍内外气温之差越少，换气量需求就越大，也会相应地引起与运转费用和设备费关联的经济问题，通常温差 1～3 ℃即视为适宜。其计算公式如下。

$$V_{max} = \frac{Q_a}{\dfrac{\Delta T - FK\upsilon}{1.005}}$$

式中：V_{max}为最大换气量(m^3/h)；Q_a 为家畜的显热散热量(kJ/h)；K 为外围护结构的平均总传热系数[kJ/(h·m^2)]；F 为外围护结构的总面积(m^2)；υ 为舍内外气温平均值时的空气的比体积(m^3/kg)；ΔT 为舍内外温差(℃)，1～3 ℃。

四、实效换气量的估测

无窗畜舍也可利用水汽平衡方程估测畜舍内的水汽产生量。其计算公式如下。

$$G_w = V_0 \times \frac{x_i - x_o}{\upsilon}$$

在机械强制换气的条件下，在每台风机的正压侧，方形口均匀分为 4～16 个等面积，圆形口按同心圆分为 4～16 个等面积，测定气流速度，计算平均风速再乘以风口面积，即可求得换气量。

自然换气舍没有稳定的入气口和排气口及难利用风速法测定换气量，因此，气流短路影响机械换气舍的测定值与实效换气量存在较大的差异。利用水汽平衡法测定实效换气量其误差为 10%左右，可满足环境评价的需要。其计算公式如下。

$$V_0 = \frac{\upsilon G_w}{x_i - x_o}$$

式中：V_0 为实效换气量(m^3/h)；G_w 为水汽产生量(g/h)；x_i，x_o 为排气和入气的绝对湿度(g/kg)；υ 为排气的空气的比体积(m^3/kg)。

各类畜禽生产中每小时产生的热量、水汽量和二氧化碳量以及校正系数等列于附录十和附录十一。

实验二　围护结构的保温隔热设计

一、保温设计——冬季低限热阻的计算

围护结构保温设计的指标一般采用冬季低限热阻($R_{0,min}$)，它是指畜舍在冬季正常使用并在必要供暖的情况下，保证围护结构非透明部分的内表面温度不低于允许值的总热阻。经计算确定的围护结构构造方案的总热阻，必须大于或等于其冬季低限热阻。冬季低限热阻按下列公式计算。

$$R_{0,min} = \frac{(t_n - t_w)nAR_n}{\Delta t}$$

式中：$R_{0,min}$为冬季低限热阻(m^2·K/W)；t_n 为冬季舍内计算温度(℃)，此温度与不同种或同种不同类群的畜禽对环境温度要求有关，为简化起见，建议初生仔猪和雏禽舍取 20 ℃，断奶仔猪、育成禽舍及牛、羊产房取 16 ℃，育成和青年牛舍及成年牛和羊舍取 10 ℃，其他各种成年畜禽舍均取 13 ℃；t_w 为冬季舍外计算温度(℃)；n 为温差修正系数，与舍外直接接触的外围结构取 1，有吊顶的无望板或有望板的瓦、石棉瓦和瓦楞铁的坡屋面取 0.9 或 0.8，与不供暖房间相邻的隔墙取 0.7；A 为考虑材料变形及热惰性(D)的系数，采用各种易压实和变形的保温材料的结构取 1.2，D≤3.0 的轻结构(除前者)取 1.1，其他围护结构均取 1.0；R_n 为围护结构内表

面换热阻(m^2·K/W),查表 7-1;Δt 为舍内气温与外围护结构内表面温度的允许温差。建议在对各种畜舍均采用舍内计算温度和相对湿度(RH,各种畜禽舍均按 70%计)的情况下,舍内计算温度与露点温度(t_1)之差(即 t_n-t_1)作为墙的 Δt,而屋顶的 Δt 则取 t_n-t_1-1。

在初步设计确定的围护结构(主要指墙和屋顶)构造方案的基础上,按其冬季低限热阻计算该围护结构保温性能的材料层厚度。

表 7-1 围护结构的表面传热系数 α_n 和 α_w[W/(m^2·K)]与换热阻 R_n(m^2·K/W)

围护结构	冬季				夏季			
	α_n	α_w	R_n	R_w	α_n	α_w	R_n	R_w
外墙	8.7	23.3	0.115	0.043	8.7	18.6	0.115	0.054
屋顶	8.7	23.3	0.115	0.043	7.0	18.6	0.143	0.054
吊顶	5.8	5.8	0.172	0.172	5.8	5.8	0.172	0.172

二、隔热设计——夏季低限热阻的计算

畜舍围护结构的隔热指标一般是指夏季低限热阻($R^x_{0,\min}$)控制围护结构内表面昼夜平均温度不超过允许值,以防止舍内过热;以低限总衰减度($V_{0,\min}$)控制围护结构内表面温度的峰值不致过高、振幅不致太大,防止较强的热辐射和温度剧烈波动对人畜引起的不适;以总延迟时间(ξ_0)控制内表面温度峰值出现的时间。畜舍是昼夜使用的房舍,一般希望总延迟时间长些,以使内表面温度峰值出现在舍外综合温度已经较低的夜间,防止两者出现时间的重合或接近而产生共同作用,加剧家畜热应激。

在工业与民用建筑隔热设计中主要是确定接受太阳辐射较多的屋顶和西墙的构造。而畜舍朝向一般为坐北朝南,西墙(山墙)面积相对很小,故可只计算确定屋顶的构造。设计步骤是先计算出夏季低限热阻 $R^x_{0,\min}$,再按确定冬季保温层厚度的方法,确定夏季隔热层的厚度,然后再计算出所需要的低限总衰减度 $V_{0,\min}$ 和该围护结构的总衰减度 V_0。若 V_0 小于 $V_{0,\min}$,但当差值不大于 10% 时,则不必增加隔热层的厚度。总延迟时间 ξ_0 是相对次要的指标,在围护结构总热阻和总衰减度均能满足要求($R_0 \geqslant R^x_{0,\min}$ 和 $V_0 \geqslant V_{0,\min}$)的情况下,ξ_0 即使小一些,也不必再进行调整。

(一)夏季低限热阻

夏季低限热阻($R^x_{0,\min}$)的计算公式如下。

$$R^x_{0,\min}=\frac{t_{z,p}-t_{n,p}}{\Delta t_1}R_n$$

式中:$R^x_{0,\min}$ 为夏季低限热阻(m^2·K/W);$t_{z,p}$ 为舍外综合温度昼夜平均值(℃);$t_{n,p}$ 为舍内气温昼夜平均计算值(℃),取室外计算温度,夏季空气调节日平均温度($t_{w,p}$)加 1 ℃,即 $t_{n,p}=t_{w,p}+1$;Δt_1 为标准差值,畜舍取 2 ℃;R_n 为围护结构内表面换热阻(m^2·K/W)。

(二)低限总衰减度

低限总衰减度($V_{0,\min}$)是控制内表面温度振幅 $A_{t,n}$ 的指标。畜舍在建筑热工设计中可视为一般房间,按规定其内表面温度振幅的允许值 $A_{t,n}$ 应 $\leqslant$ 2.5 ℃,而总衰减度是指舍外综合温度振幅 $A_{t,z}$ 为内表面温度振幅 $A_{t,n}$ 的倍数,则低限总衰减度 $V_{0,\min}=A_{t,z}/A_{t,n}$。$A_{t,z}$ 的计算

较烦琐。根据计算，哈尔滨、北京、乌鲁木齐、广州等 8 个城市的 $V_{0,\min}$ 均为 10 倍左右，故建议在牧场初步设计中，畜舍的 $V_{0,\min}$ 值可取 ≥ 10，以免去烦琐的计算。

(三)总延迟时间

舍外综合温度峰值一般出现在 13:00，故建议畜舍的总延迟时间(ξ_0)为 10 h，以使内表面温度峰值出现在 23:00。

三、围护结构总热阻的计算

维护结构的总传热系数(K)之倒数称为维护结构总热阻(R_o)，因其大小与保温隔热能力成正比，故实际工作中较为常用。

全国建筑热工设计分为四区。①严寒地区：累年最冷月平均温度≤－10 ℃的地区；②寒冷地区：累年最冷月平均温度高于－10～0 ℃的地区；③温暖地区：累年最冷月平均温度＞0 ℃，最热月平均温度＜28 ℃的地区；④炎热地区：累年最热月平均温度≥28 ℃的地区。

炎热地区主要包括长江流域的苏、浙、皖、湘、鄂、赣各省，四川盆地和东南沿海地带的闽、粤、台以及桂、黔、滇的部分地区。寒冷地区的建筑应充分满足冬季保温设计的要求，加强建筑物的防寒措施，无须考虑夏季防热设计要求。寒冷地区的建筑应以满足冬季保温设计要求为主，适当兼顾夏季防热。温暖地区的建筑应兼顾冬季保温和夏季防热，结合本地区传统做法来适当处理。炎热地区的建筑应以满足夏季防热设计要求为主，适当兼顾冬季保温。炎热地区的日平均温度高于或等于 30 ℃，累年平均超过 15 d 的城市，如南京、合肥、芜湖、九江、南昌、武汉、宜昌、长沙、赣州、衡阳、株洲、重庆等，这些城市的建筑设计上应加强夏季防热措施。对于新疆的吐鲁番盆地而言，夏季极端炎热，空气干燥，但冬季寒冷，气温日较差和年较差均大于其他地区，其建筑设计上宜加强围护结构的热稳定性。我国部分主要城市及周围地区舍外气象参数见附录十二。

(一)围护结构最小总热阻

集中采暖时的围护结构(窗户、外门和天窗除外)的总热阻应根据技术经济比较确定，但不得小于按下式确定的最小总热阻。

$$R_{0,\min}=\frac{n(T_i-T_o)R_n}{\Delta T}$$

式中：$R_{0,\min}$ 为围护结构最小总热阻[$m^2 \cdot K/(kJ/h)$]；T_i 为冬季舍内计算温度(℃)；肥育猪舍取 $T_i=13$ ℃；T_o 为围护结构冬季舍外计算温度(℃)；n 为温差修正系数，外墙、平屋顶及直接接触舍外空气的楼板等取 1.0；带通风间屋层的平屋顶，坡屋顶闷顶等取 0.90；R_n 为围护结构内表面换热阻[0.032 $m^2 \cdot K/(kJ/h)$]；ΔT 为舍内空气与围护结构内表面之间的允许温差(℃)，通常为 7 ℃。

(二)单一材料层的热阻

$$R=\frac{\delta}{\lambda_c}$$

式中：R 为材料层的热阻[$m^2 \cdot K/(kJ/h)$]；δ 为材料层的厚度(m)；λ_c 为材料的计算导热系数[$kJ/(h \cdot m \cdot K)$]。

(三)多层围护结构的热阻

$$R = R_1 + R_2 + \cdots + R_n$$

式中：R_1、R_2、…、R_n 为各材料层的热阻[$m^2 \cdot K/(kJ/h)$]。

(四)围护结构的总热阻

一般无天花板的坡屋顶、平屋顶和墙壁的总热阻等于围护结构热阻与内外表面换热阻之和。

$$R_o = R_n + R + R_w$$

式中：R_o 为围护结构总热阻[$m^2 \cdot K/(kJ/h)$]；R_n 为内表面换热阻[$m^2 \cdot K/(kJ/h)$]，0.032 $m^2 \cdot K/(kJ/h)$；R_w 为外表面换热阻[$m^2 \cdot K/(kJ/h)$]；0.012 $m^2 \cdot K/(kJ/h)$；R 为围护结构热阻[$m^2 \cdot K/(kJ/h)$]。

有天花板的平屋顶若为通风良好的空气间层，其空气热阻可不予考虑。这种空气间层的间层温度可取外气温度，其表面换热阻(R_w)为 0.080 $m^2 \cdot K/(kJ/h)$。

有天花板的坡屋面的隔热层主要设计在天花板上，屋面多为波形瓦。这种空气间层的间层温度亦可取外气温度，其表面换热阻(R_w)为 0.023 $m^2 \cdot K/(kJ/h)$。

实验三　畜牧场设计图的识别

一、地形图

地形图是地图的一种。它可表示地物的平面位置、地势高低起伏等地理状况。为了合理地利用地形和改造地形，以适应畜牧场的环境卫生要求，需要在地形图(图 7-2)上对地形进行具体分析研究。

根据图 7-2 可以归纳这个地区的地形特点是：①光明村以西有一座 170 m 多的小山，山的东边有一块地(图 7-2 中的甲)，山的南面有冲沟(图 7-2 中的乙)。②光明村以南有一条常青河，河的南岸有一片沼泽地(图 7-2 中的丙)。③在向阳公路以北有一座相对高度约 30 m 的小丘，小丘东西向地势较平于南北方向。④光明村以西的坡度的自等高线 75 m 以上则较陡，等高线 75～55 m 段渐趋平缓，自等高线 55 m 以下，则更为平坦。总体说来，除了小山和小丘以外，这块地形均比较平缓。

若进一步分析则可见，①根据地形起伏情况，自小山向东北至小丘可找出分水线Ⅰ，自小山向东至向阳公路，能找出分水线Ⅱ，分水线Ⅱ与向阳公路东段相吻合。②在分水线Ⅰ和分水线Ⅱ之间可找到汇水线，并根据地势情况定出地面水流向，如图中箭头所示。在分水线Ⅰ以北的地面水，排向小山和小丘之北；在分水线Ⅱ以南的地面水，则直接向常青河汇集。③假定地形坡度大于 8% 的地段不考虑作为建设用地，并根据大、中、小不同建筑物的要求，将地形分为坡度在 2%以下、坡度为 2%～5%、坡度为 5%～8%、坡度在 8%以上 4 类地段。根据等高线的间距和等高距量算地形坡度的大小，用不同的符号绘出多种坡度地段的范围，从而计算出各种坡度范围的面积。

等高线是地面上标高相同，各点在图上连接起来而画成的线(图 7-3)，所以同一条等高线上

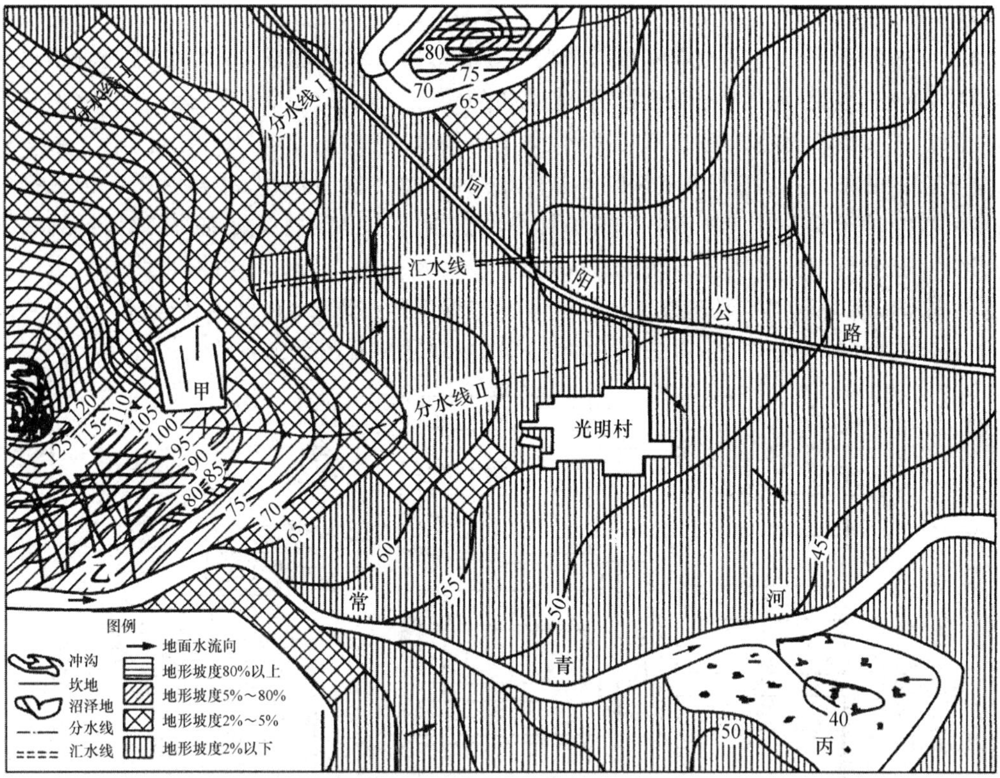

图 7-2　地形

（资料来源：中国建筑工业出版社编辑部．城市规划知识小丛书之二·地形图应用．中国建筑工业出版社，1976）

各点的标高都相等。相邻两条等高线之间的高差称为等高距。相邻两条等高线在图上的间距称为等高线的平距。坡度越陡，投影到图上的等高线平距越密。依据图上等高线的疏密，可以辨认地貌起伏形状和坡度陡缓。

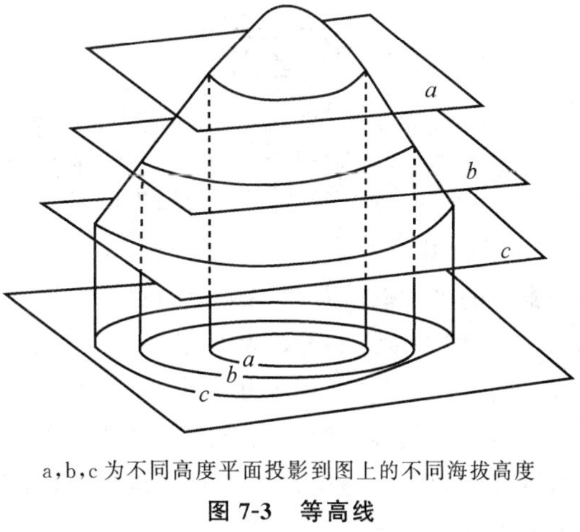

a，b，c 为不同高度平面投影到图上的不同海拔高度

图 7-3　等高线

二、建筑施工图

建筑施工图是建筑施工上用的一种能够准确地表达出建筑物的外形轮廓、大小、尺寸、结构构造和材料做法的图样。它是根据科学的制图原理，用一定的形象和图例，将一个构筑物的形状、尺寸、材料和细部构造等方面细致精确而又简洁地描绘出来。建筑工程图纸用的是蓝图纸，所以又称蓝图。它是建筑施工的依据。

（一）建筑设计图的基本知识

牧场建筑工程图包括牧场总平面图、畜舍平面图、立面图、剖面图，此外，还有结构图和透视图。结构图是表明建筑物各部分的详细结构和尺寸。透视图是从不同角度绘出全场、单体畜舍或房舍内部的立体形象图。结构图供现场施工用。透视图建筑上使用较少，从略。

1. 总平面图

总平面图表示一个工程的总体布局。它主要表示原有和新建畜舍等的位置、标高、道路布置构筑物、地形、地貌等。作为新建牧场，建筑物的定性、施工放线、土方施工以及施工总平面布置的依据如牧场所有建筑物的布局所列(图 7-4)。

总平面图的基本内容：①新建筑区的总体布局，如批准地号范围、各建筑物和构筑物的位置、道路、管网的布置等。②确定各建筑物的平面位置。③建筑物首层地面的绝对标高，舍外地坪、道路的绝对标高，说明土方填挖情况，地面坡度及排水方向。④用指北针表示房屋的朝向；用风向玫瑰图表示常年风向频率和风速。⑤根据工程的需要，有时还有水、暖、电等管线总平面图，各种管线综合布置图，道路纵横剖面图以及绿化布置图等。

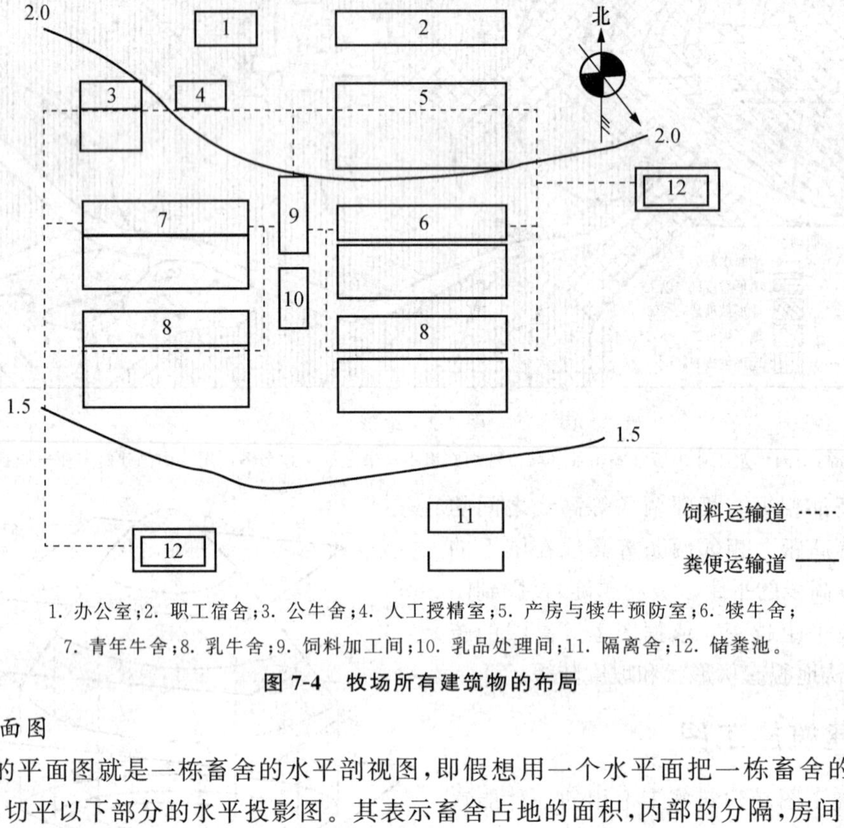

1. 办公室；2. 职工宿舍；3. 公牛舍；4. 人工授精室；5. 产房与犊牛预防室；6. 犊牛舍；7. 青年牛舍；8. 乳牛舍；9. 饲料加工间；10. 乳品处理间；11. 隔离舍；12. 储粪池。

图 7-4 牧场所有建筑物的布局

2. 平面图

畜舍的平面图就是一栋畜舍的水平剖视图，即假想用一个水平面把一栋畜舍的窗台以上部分切掉，切平以下部分的水平投影图。其表示畜舍占地的面积，内部的分隔，房间的大小，走道、门、窗、台阶等局部位置和大小，墙的厚度等。

一般施工放线、砌墙、安装门窗等都要用平面图，其基本内容包括：①建筑物的形状、内部的布置及朝向。②建筑物的尺寸和建筑构地面标高。③建筑结构形式及主要建筑材料。④门窗及其过梁的编号，门的开启方向。⑤剖面图、详图和标准配件的位置及其编号。⑥综合反映工艺、水、暖、电对土建的要求。⑦舍内装饰做法，包括舍内地面、墙面、天棚等部位的材料及做法。⑧文字说明。

3. 立面图

立面图是建筑物的正面投影图或侧面投影图。其表示建筑物或设备的外观形式、尺寸、艺术造型、使用材料等情况。如畜舍长、宽、高的尺寸，房顶的形式，门窗洞口的位置，外墙饰面材料及做法等。

4. 剖面图

剖面图有纵剖面、横剖面和其他角度的剖面图。剖面图是假想用一个平面沿建筑物垂直方向切开，切开后的正立面投影图。剖面图主要表明建筑物内部在高度方面的情况。如屋顶的坡度、房间和门窗各部分的高度，同时也可以表示出建筑所采用的形式。剖面图的剖切处置一般选择建筑物内部做法有代表性和空间变化比较复杂的位置。为了表明建筑物平面图或剖面图作切面的位置，一般在其平面图纸上画上切面位置线。

5. 施工图的尺寸

施工图的尺寸是根据所设计的建筑物的实际大小，按一定比例缩绘的。一般牧场总平面图多用 1∶500、1∶1 000、1∶2 000 的比例尺。畜舍的平面图/剖面图和立面图多用 1∶100、1∶200 的比例尺。不论采用哪一种比例尺，建筑图上的尺寸都应注以实际尺寸数字。

施工图尺寸的大小是用尺寸线标志的。尺寸线的两端以箭头或圆点或短画来表示尺寸的起点和终点。在尺寸的中央或上方注明实际尺寸的数字。建筑物各部分的高度尺寸一般以室内地坪高度为零，用三角形的尖端标出各部分的实际高度来表示。圆形物体的直径尺寸是用在数字前加“Φ”来表示，其半径尺寸是用在数字前加“R”来表示。

6. 施工图符号(图例)

在施工图上使用各种符号(图例)，可以减少注释的文字，图纸更易阅读，因此，看蓝图也必须熟悉这些符号。有些建筑材料的施工图符号和建筑配件的施工图符号可见图 7-5 和图 7-6。

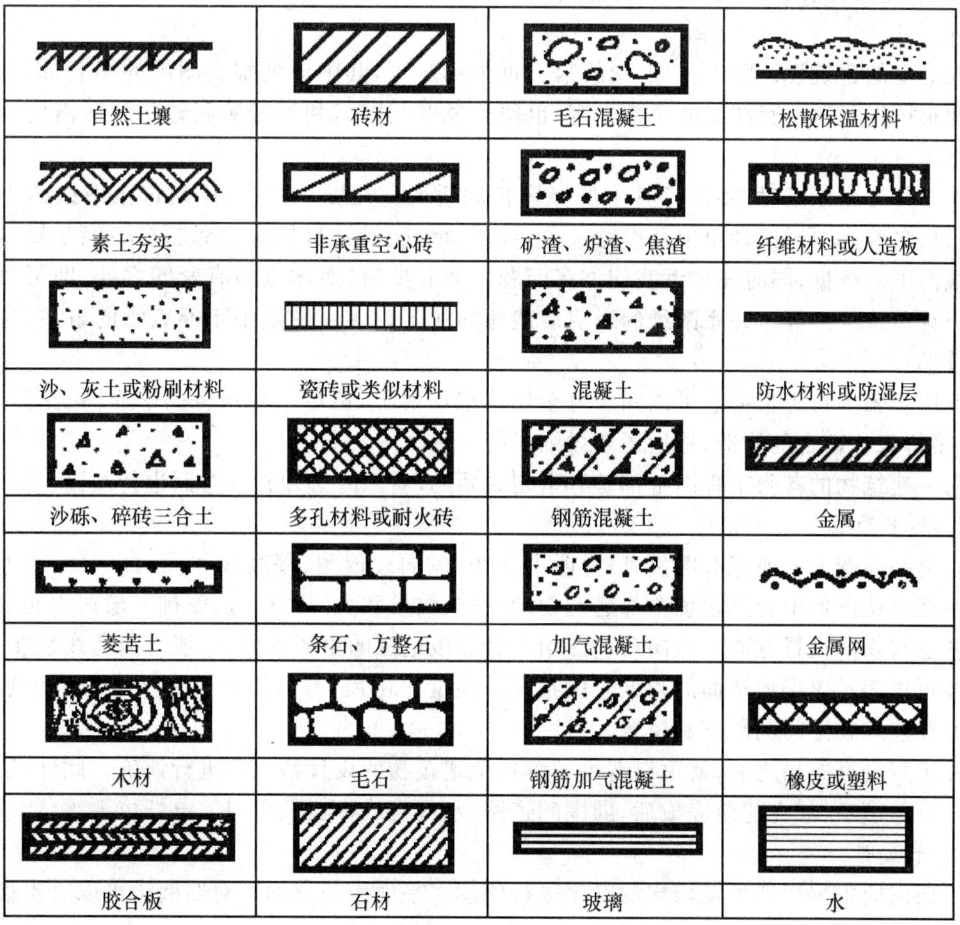

图 7-5　建筑材料施工图符号(图例)

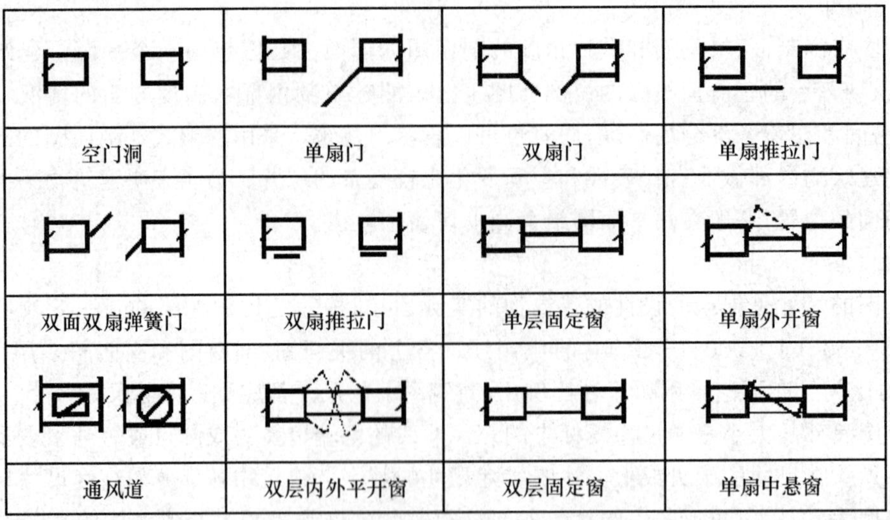

图 7-6 建筑配件的施工图符号

(二)建筑设计图的阅读方法

牧场的一整套建筑设计图比较复杂,有时可能有几十张,其中包括总平面图,各种建筑物的平面图、立面图、剖面图和结构详图等。根据由大到小,由粗到细的原则,有次序、有步骤地去阅读。

在成套的建筑设计图中,一般图的第一页为标题页,其中详列整套图纸的图名、编号。根据标题页可以了解这套图纸的全部内容,也便于根据其图名和编号顺利地找到所需要的某一张图纸。

在看每一张图纸时,要注意其中的标题栏和说明。在标题栏中,详列这张图纸的工程总称、项目、名称、编号、设计单位及设计人员,校核、审核、设计日期等。标题栏不但是根据标题页查找图纸的依据,同时还告诉我们许多问题。如看图时,对图纸中有疑问之处,即可根据标题找设计单位查询等。每张图纸的说明清楚地标注了许多在图纸中不便表示的事项,这是必须阅读的。

看图步骤为首先根据总平面图了解全场的布局情况,然后根据畜舍的平面图、立面图、剖面图,了解每栋畜舍的构造,最后还要详细了解结构详图。

每一建筑物的各张工程图纸都是有密切关系的,看图时必须相互对照进行阅读。

1. 总平面图

在总平面图上一般标有图例,以说明南北线、风向玫瑰图、等高线和比例尺等。熟悉图例和说明就可从图例中看到牧场全部建筑物的种类、数量和大致的位置、安排。根据南北线可以看出各建筑物的设置方向。风向玫瑰图用来表示该地区的主风方向,一般与南北线绘在一起。等高线可以表示出场地地面的高低起伏状况。根据比例尺,可以用直尺和两脚规来了解全场的面积和建筑物之间的距离和位置。

在了解全场布局之后,就可以着手了解每个建筑物的设计情况并进行评价。此外,还要注意其他有关事项,如在建筑完成后,周围的道路、水源干线、电源、可引入电杆位置等。

2. 平面图

平面图应根据由墙外至墙内的顺序进行阅读。平面图与立面图对照阅读可以看出畜舍的形式。从外墙可以看出门窗的位置及形式，两端的大门有无坡道，门的形式，然后阅读畜舍的内部，如畜床、饲槽、粪尿沟、饲料调制室和值班室等的位置，畜床排列形式等。

3. 立面图

立面图有正立面、侧立面和背立面图。从立面图上可以看出门窗的位置和瓦、墙材料，如陶瓦屋面，清水砖墙等；也可以看出畜舍各部尺寸符号所标明的标高。立面图的中央的点划线说明畜舍两端是对称的。

4. 剖面图

剖面图应该根据由下向上的顺序进行阅读。首先，阅读墙体基础的深度、宽度、结构及材料，地面的结构、材料，地面倾斜度，粪尿沟、饲槽的尺寸和样式等；其次，窗户样式，窗上部檐口的结构，屋架结构，材料规格等；最后，屋面结构用一条竖线通过屋面多层，在竖线上画出与屋面结构层数相应的横线，按照多层的顺序，自上而下写明屋面的结构、材料、规格。此外，在剖面图上也有尺寸线以标明与平面图、立面图对应部分的尺寸。

采用比例尺较小或构造复杂的房舍在建筑图上不易将其所有结构全部表示出来，则须另绘结构详图。在此情况下，一般要在建筑图的说明中注明哪部分的结构详图在哪部分的图纸上，以便寻找。假如有一张 4 号剖面图的檐口部分标有 8/10 的符号，说明此房舍檐口的结构详图是第 8 号，而 8 号详图在 10 号图纸上；相反的，在 10 号图纸上一定有 8/4 的符号，说明该图纸的 8 号详图，是 4 号图纸的檐口结构。通过阅读建筑设计图，可以对该牧场、畜舍的环境卫生情况进行初步评价。

实验四　畜牧场的初步规划设计

一、畜牧场生产工艺规划方案的制定

畜牧场工艺设计指人们利用动物和饲料生产畜产品的过程、组织形式和方法，包括生产工艺流程与生产设备的组装。合理的畜牧场工艺设计应适合当地的自然条件、社会条件、市场需求及经济技术水平；采用最先进的科学技术，以保证生产工艺的实施和生产水平的提高。

工艺设计规划方案需要撰写的内容有很多，涉及政策、法规、建筑、成本核算等各方面的内容。对于专业学生学习而言，则必须先熟悉和了解以下内容的撰写。

(一)前言

畜牧场建设包括建设地点的自然条件、经济条件和社会条件；国内外市场对拟建畜牧场产品的需求、建场的目的、意义及经济效益、社会效益和生态效益。如果需要国家投资建设畜牧场，则应阐述立项报批的经过，并附主管部门的批文或计划任务书，说明资金落实情况和来源，当地气象、地质、水文资料及拟建场场地的地形图。

(二)畜牧场性质和规模

根据需要确定拟建设的畜牧场的经营性质及畜牧场规模大小，即在拟定畜牧场时，它是种畜场还是商品场。

(三)畜牧场主要生产指标

按照动物生产学知识及生产实践经验,拟定建成后的畜牧场拟达到的畜禽主要生产技术指标等。生产指标的设定应根据畜种及自身实际生产技术水平制定,不能脱离实际,以免对今后生产造成不必要的损失。

(四)畜群组成及周转

根据畜牧场拟定采用的饲养管理方法对养殖畜禽进行分群,定出各类畜禽的饲养时间和消毒空舍时间。根据生产指标,分别计算出各类畜禽的存栏数和各种畜禽舍的数量,并绘出畜禽周转框图。

(五)饲养方式

在饲养管理过程中,拟使用的方式方法,含饲养方式、饲喂方式、饮水机清粪等方法。如有可能,尽可能列出所需设备设施的规格和尺寸等参数。

(六)卫生防疫设施及制度

在列出的畜牧场生产中,卫生防疫工作所需要的相应设施、设备和相应的管理制度等。

(七)畜牧场的主要环境参数及建设标准

根据生产实际需要,拟定生产中涉及的各类畜群在生产中要求的温度、湿度、光照、通风、有毒有害气体允许浓度等环境参数;各类畜群大小及饲养密度、占栏面积、采食及饮水宽度、通道宽度、日耗料量、粪尿污水排出量及冬、夏季对畜舍墙壁和屋顶内表面温度的要求等。

(八)各种畜舍的数量、面积和设备选型

根据主要生产指标和畜牧场环境参数,计算各类畜舍的面积和数量,设备配套尽可能列出。

(九)附属设施和建筑

根据生产需要,列出行政办公用房、生产用房、技术业务用房、生产附属用房等的数量和面积;地秤、产品装车台、贮粪场、污水池、饮水净化消毒设施、消防设施、尸体处理设施及各种消毒设施的数量和面积。

(十)环境保护措施

在规划方案中,涉及各类贮存设施、处理设施的数量和占地面积等。另外,应对生产中涉及的生产污染物进行无害化处理和资源化利用,包括水源卫生的防护及饮水净化的消毒方法、粪便污水的处理方法。

二、畜牧场总平面规划图的绘制

总平面图,也称"总体布置图",是指按一般规定的比例绘制,表示建筑物、构筑物的方位、间距以及道路网、绿化、竖向布置和基地临界情况等;表示整个建筑基地的总体布局,具体表达新建房屋的位置、朝向以及周围环境(原有建筑、交通道路、绿化、地形等)基本情况的图样。

(一)实验要求

根据拟定的畜牧场工艺规划方案,列出各类建筑的数量和面积,包括附属设施和建筑。按照畜牧场规划布局的原则,进行功能区划分、道路规划、卫生设计等,然后将规划草图绘制在

A4 或者 A3 的绘图纸上。要求规划布局必须符合环境卫生学及防疫等要求，卫生防护设施完善。绘图质量可根据专业培养计划要求执行。

(二)绘图软件

计算机绘图可以使用 AutoCAD 软件。该软件是由美国欧特克有限公司(Autodesk)出品的一款自动计算机辅助设计软件，可以用于绘制二维制图和基本三维设计，通过它无须懂得编程，即可自动制图。该软件具有良好的用户界面，通过交互菜单或命令行方式，便可以进行各种操作。它的多文档设计环境，让非计算机专业人员也能很快学会使用。因此，它在全球被广泛应用，常用于土木建筑、装饰装潢、工业制图、工程制图、电子工业、服装加工等多个领域。

(三)总平面图具体内容

(1)保留的地形和地物。

(2)测量坐标网、坐标值、场地范围的测量坐标(或定位尺寸)、道路红线、建筑控制线和用地红线。

(3)场地四邻原有及规划的道路、绿化带等的位置(主要坐标或定位尺寸)和主要建筑物及构筑物的位置、名称、层数、间距。

(4)建筑物、构筑物的位置(人防工程、地下车库、油库、贮水池等隐蔽工程用虚线)。

(5)与各类控制线的距离，其中主要建筑物、构筑物应标注坐标(或定位尺寸)、与相邻建筑物之间的距离及建筑物总尺寸、名称(或编号)、层数。

(6)道路、广场的主要坐标(或定位尺寸)、停车场及停车位、消防车道及高层建筑消防扑救场地的布置，必要时加绘交通流线示意。

(7)绿化、景观及休闲设施的布置示意，并表示出护坡、挡土墙、排水沟等。

(8)指北针或风向玫瑰图。

(9)主要技术经济指标表。

(10)说明栏内注明：尺寸单位、比例、地形图的测绘单位、日期、坐标及高程系统名称(如为场地建筑坐标网时，应说明其与测量坐标网的换算关系)、补充图例及其他必要的说明等。

“畜牧场的初步规划设计”为综合性、设计性实验，其仅供“家畜环境卫生学”课程辅助教学使用。各大中专院校老师可根据各自学校教学大纲的具体要求，参考“全国大学生动物科学专业技能大赛”中“生态畜牧场规划设计竞赛要求及评分标准”(参见附录十三)，制定相应的教学目标、教学内容和教学方案，以提高教学效果，也可对教学模式进行创新与改革。

参考文献

[1]国家技术监督局．噪声剂量计:JJG 655—1990．北京:中国计量出版社,1990.

[2]环境保护部．水质　总氮的测定　碱性过硫酸钾消解紫外分光光度法:HJ 636—2012．北京:中国环境科学出版社,2012.

[3]国家质量监督检验检疫总局,中国国家标准化管理委员会．紫外辐射照度计:JJG 879—2015．北京：中国质检出版社,2015.

[4]国家质量监督检验检疫总局,中国国家标准化管理委员会．地面气象观测规范　气压:GB/T 35225—2017．北京:中国标准出版社,2017.

[5]国家质量监督检验检疫总局．光照度计:JJG 245—2005．北京：中国计量出版社,2005.

[6]李如治．家畜环境卫生学．3版．北京：中国农业出版社,2003.

[7]生态环境部．水质　粪大肠菌群的测定　多管发酵法:HJ 347.2—2018．北京:中国标准出版社,2018.

[8]刘继军．家畜环境卫生学．北京：中国农业出版社,2016.

[9]刘继军,贾永全．畜牧场规划设计．北京：中国农业出版社,2008.

[10]鲁琳,刘凤华,颜培实．家畜环境卫生学实验指导．北京：中国农业大学出版社,2005.

[11]鲁如坤．土壤农业化学分析方法．北京：中国农业科技出版社,2000.

[12]国家质量监督检验检疫总局．轻便三杯风向风速表:JJG 431—2014．北京:中国质检出版社,2015.

[13]环境保护部．水质　五日生化需氧量(BOD_5)的测定　稀释与接种法:HJ 505—2009．北京:中国环境科学出版社,2009.

[14]国家质量监督检验检疫总局,中国国家标准化管理委员会．公共场所卫生检验方法　第1部分:物理因素:GB/T 18204.1—2013．北京:中国标准出版社,2014.

[15]国家质量监督检验检疫总局,中国国家标准化管理委员会．气象用玻璃液体温度表:GB/T 8747—2010．北京:中国标准出版社,2011.

[16]颜培实,李如治．家畜环境卫生学．4版．北京：高等教育出版社,2011.

[17]国家环境保护局．水质　总磷的测定　钼酸铵分光光度法:GB 11893—1989．北京:中国标准出版社,1989.

[18]环境保护部．水质　化学需氧量的测定　重铬酸盐法:HJ 828—2017．北京:中国环境科学出版社,2017.

[19]环境保护部．水质　氟化物的测定　茜素磺酸锆目视比色法:HJ 487—2009．北京:中国环境科学出版社,2017.

[20]国家质量监督检验检疫总局,中国国家标准化管理委员会．公共场所卫生检验方法　第2部分:化学污染物:GB/T 18204.2—2014．北京:中国标准出版社,2014.

[21]环境保护部．环境空气 PM_{10} 和 $PM_{2.5}$ 的测定　重量法：HJ 618—2011. 北京：中国环境科学出版社，2011.

[22]中国石油和化学工业协会．气体分析　动态体积法制备校准用混合气体　第 10 部分：渗透法：GB/T 5275.10—2009. 北京：中国标准出版社，2010.

附录

附录一　实验数据处理

一、数据记录

环境监测工作是环境评价的依据。在环境监测分析工作中，对分析结果的记录必须客观、准确、翔实，因此，对数据记录有如下一些要求。

(1)数据应统一记在编有页码的记录本上，不得随意涂抹、撕页，更不得丢失。

(2)所有原始记录一律用蓝色或黑色钢笔记录。

(3)样品采集和分析过程中的各种原始数据必须跟随操作过程立即填写、严禁涂改，必须更正时，只能在原错误数据上画一横线后，在其上方更正，并在更正位置盖上更正人的工作章。每篇记录的改正数据不得多于一处。

(4)原始记录必须有填写人和审核人员签字。

(5)记录测量数据必须采用法定计量单位。只能保留1位可疑数字，其有效位数应与计量器具或测试仪器的准确度和精度相适应，计算应遵循数字修约规则。

(6)在每次样品分析完成后，操作人员均应对分析结果及分析过程进行数据复核，填写分析报告，并盖上分析人员的工作章，交由业务主管审核。

(7)在分析实验数据时，如果条件成熟，则应同时输入计算机保存。

二、实验分析数据常用统计和处理方法

(一)均数

当测定值的大小分布比较对称时，可计算均数，均数常用 $\bar{x}$ 表示。

$$\bar{x}=\frac{x_1+x_2+x_3+\cdots+x_n}{n}=\frac{\sum_{i=1}^{n}x_i}{n}=\frac{\sum x}{n}$$

式中：$\bar{x}$ 为均数；$x_1,x_2,x_3,\cdots,x_n$ 为各测定值；n 为测定值的个数。

(二)标准差

用来反映测定数据的变异程度(离散性)。

$$S=\sqrt{\frac{\sum(x-\bar{x})^2}{n-1}}$$

式中：S 为标准差；x 为单个测定值；$\bar{x}$ 为均数；n 为测定值的个数。

标准差越小，说明测定值的变异程度越小；反之，表明变异程度越大。

(三)变异系数

当两组测定值单位不同或两均数相差较大时，不能直接用标准差比较其变异程度大小，此

时可用变异系数(用符号 CV 表示)进行比较。

$$CV=\frac{S}{\bar{x}}\times 100\%$$

同标准差一样,变异系数越小,说明测定值的变异程度越小;变异系数越大,说明测定值的变异程度越大。水质分析方法精密度就是用变异系数(或称相对标准差)表示的。

在实验分析工作中,总变异系数小于或等于 5%;当操作比较复杂、项目不十分稳定的试样时,总变异系数小于 10%为可以接受。

(四)准确度

准确度是指测定结果与真值之间的差异程度,用误差或相对误差表示。

$$误差=测定值-真值$$

$$相对误差=\frac{测定值-真值}{真值}\times 100\%$$

由于真值难以得到,在实验中常以标准样品的名义值或公认值来作为真值。在常规分析中,通过分析"加标样品",根据期望回收值计算回收率,以发现分析系统中的干扰因素。

$$回收率=\frac{加标样品测定值-样品本底值}{加标值}\times 100\%$$

在监测分析实际工作中,回收率一般为 95%~105%。

(五)最低检出浓度的计算

分析方法的最低检出浓度统计方法一般采用收集试验中的空白值,计算出空白批内标准误差,用以估计分析方法的最低检出浓度。

1. 空白批内标准误差的计算

$$S_{wb}=\sqrt{\frac{\sum x^2-\frac{1}{n}\sum B^2}{m(n-1)}}$$

式中:m 为测定的批数;n 为每批测定时平行样品数;x 为所有单个测定值;B 为在 m 批中,每批 n 个平行样测定值之和;S_{wb}为空白批内标准误差。

2. 分析方法最低检出浓度的计算

在 95%置信水平,当试样测定值与零浓度试样测定值有显著性差异时,该试样的浓度值为最低检出浓度。其计算公式如下。

$$L=2\sqrt{2}\,t_{f(0.05)}S_{wb}$$

式中:L 为分析方法的最低检出浓度;$t_{f(0.05)}$ 为单测显著水平为 5%,当批内自由度 $f=m(n-1)$时,t 分布临界值。

(六)标准曲线的相关系数

以相关系数 r 表示自变量浓度和因变量信号的相关关系。一般项目要求标准曲线的相关系数大于或等于 0.999。

$$r=\frac{\sum_{i=1}^{n}(x_i-\bar{x})(y_i-\bar{y})}{\sqrt{\sum_{i=1}^{n}(x_i-\bar{x})\sum_{i=1}^{2n}(y_i-\bar{y})^2}}$$

式中：x_i 为标准样品的浓度；$\bar{x}$ 为 n 个样品浓度的平均值；y_i 为相对于 x_i 的仪器测定信号值；$\bar{y}$ 为 n 个信号的平均值；n 为标准样品的个数。

附录二 实验基本操作技能

一、玻璃器皿的洗涤

在实验室中，常用肥皂、洗涤剂、洗衣粉、去污粉、洗液和有机溶剂等清洗玻璃仪器。肥皂、洗涤剂等用于清洗形状简单、能用刷子直接刷洗的玻璃仪器，如烧杯、试剂瓶、锥形瓶等。洗液主要用于清洗不易或不应直接刷洗的玻璃仪器，如吸管、容量瓶、比色管、凯氏定氮仪等。此外，长久不用的玻璃仪器以及刷子刷不下的污垢也可用洗液来清洗。利用洗液与污物起化学反应，氧化破坏有机物而除去污垢。

一、洗涤液的配制和使用

1. 强酸性氧化剂洗液

强酸性氧化剂洗液是由重铬酸钾与浓硫酸配制而成的。其配法是将 20 g 重铬酸钾(工业纯)溶于 40 mL 热水中，冷却后搅拌，徐徐加入 360 mL 的浓工业硫酸(注意：不能将重铬酸钾溶液加入浓硫酸中)。由于两者混合时大量放热，故硫酸不要加得太快，注意防止因过热而飞溅。配好后放冷，装入磨口试剂瓶中备用。

新配制的洗液呈暗红色，氧化能力很强，使用过程应随时盖紧瓶塞，以免洗液吸收空气中的水分而降低洗涤能力。使用温热的洗液可提高洗涤效率，但失效也加快。洗液经过相当时间的反复使用后，所含的硫酸浓度和重铬酸盐的氧化能力不断下降，作用力会逐渐减弱，此时可加入适量的浓硫酸来帮助恢复酸的强度。如果使用过久，或当受到强烈的还原性物质污染，导致整个液体变为绿色时，则其中绝大部分的高价铬盐已被还原成为低价的硫酸铬。此时洗液就不再具氧化力，故不宜再用。废液会污染水质，应集中进行处理，以回收铬。

2. 碱性高锰酸钾洗液

此洗液作用缓慢温和，可用于洗涤器皿上的油污。配法一是将 4 g 高锰酸钾溶于少量水中，然后加入 10%氢氧化钠溶液至 100 mL。配法二是将 4 g 高锰酸钾溶于 80 mL 水中，再加 50%氢氧化钠溶液至 100 mL。配法二更有利于高锰酸钾的快速溶解。如果使用本洗液后，玻璃器皿上沾有褐色氧化锰，可用盐酸羟胺或草酸洗液洗除。碱性高锰酸钾洗液不应在所洗的玻璃器皿中长期存留。

3. 碱性乙醇洗液

其配法是将 25 g 氢氧化钾溶于最少量的水中，再用工业纯的乙醇稀释至 1 L。此洗液也适用于洗涤玻璃器皿上的油污。

4. 纯碱洗液

纯碱洗液多采用 10%以上的浓氢氧化钠、氢氧化钾或碳酸钠，用于浸泡或浸煮玻璃器皿，煮沸可以加强洗涤效果。但是纯碱洗液在被洗的容器中停留不得超过 20 min，以免腐蚀玻璃。

5. 纯酸洗液

根据污垢的性质，如水垢或盐类结垢，可直接用 1+1 盐酸或 1+1 硫酸或 1+1 硝酸或浓硫酸与浓硝酸的等体积混合液，进行浸泡或浸煮器皿，但加热的温度不宜太高，以免浓酸挥发或分解。

6. 合成洗涤剂或洗衣粉配成的洗涤液

其配法是取适宜洗涤剂或洗衣粉溶于温水中，配成浓溶液。此洗液用于洗涤玻璃器皿效果很好，并且使用安全方便，不腐蚀衣物。但在洗涤后，最好再用 6 mol/L 硝酸浸泡片刻，然后再用自来水充分洗净，继以少量蒸馏水冲洗数次。

7. 有机溶剂

粘有较多油脂性污染物的玻璃仪器，尤其是难以使用毛刷洗刷的小件和形状复杂的玻璃仪器可用汽油、甲苯、二甲苯、丙酮、酒精、氯仿等有机溶剂浸泡清洗，如活塞内孔、吸管和滴定管的尖头、滴管等。

(二)玻璃仪器的洗涤方法

1. 常规洗涤法

一般的玻璃仪器应先用自来水冲洗 1～2 遍除去灰尘，如用强酸性氧化剂洗涤时，应将水沥干，以免过多地耗费洗液的氧化能力。若用毛刷蘸取热肥皂液（洗涤剂或去污粉等）仔细刷净内外表面时，尤其应注意容器磨砂部分。然后边用水冲，边刷洗至看不出有肥皂液时，用自来水冲洗 3～5 次，再用蒸馏水或去离子水充分冲洗 3 次。洗净的清洁玻璃仪器壁上应能被水均匀润湿（不挂水珠）。玻璃仪器经蒸馏水冲洗净后，残留的水分用指示剂或 pH 试纸检查应为中性。

在洗涤时，应按少量多次的原则用水冲洗，每次充分振荡后倾倒干净。凡能使用刷子刷洗的玻璃仪器都应尽量用刷子蘸肥皂液进行洗刷，但是不能用硬质刷子猛力擦洗容器内壁，易使容器内壁表面毛糙，易吸附离子或其他杂质，影响测定结果或者难以清洗而造成污染。测定痕量金属元素后的仪器被清洗后，应用稀硝酸浸泡 24 h 左右，再用水洗干净。

2. 不便刷洗的玻璃仪器的洗涤法

根据污垢的性质，选择不同的洗涤液进行浸泡或浸煮，再按常规洗涤法，用水冲净。

3. 水蒸气洗涤法

有的玻璃仪器是成套的组合仪器。除按上述要求洗涤之外，其还用水蒸气蒸馏法洗涤一定时间。如凯氏微量定氮仪在每次使用前应将整个装置连同接收瓶，用热蒸汽处理 5 min，以便去除装置中的空气和前次实验所遗留的沾污物，从而减少实验误差。

4. 特殊的清洁要求

在某些实验中对玻璃仪器有特殊的清洁要求，如分光光度计上的比色皿用于测定有机物之后，应用有机溶剂洗涤，必要时可用硝酸浸洗，但是要避免用重铬酸钾洗液洗涤，以免重铬酸盐附着在玻璃上。用硝酸浸洗后，先用水冲净，再以去离子水或蒸馏水洗净晾干，不宜在较高温度的烘箱中烘干。如在应急使用而要除去比色皿内的水分时，可先用滤纸吸干大部分水分后，再用无水乙醇或丙酮洗涤除尽残存水分，晾干即可使用。参比池也应同样处理。

测定痕量铬的玻璃器皿不应用铬酸洗液洗涤，最好以 1∶1 硝酸或等体积的浓硝酸-硫酸混合液来清洗。用于测磷酸盐的玻璃仪器不得使用含磷的洗涤剂洗涤。测氨和凯氏总氮的玻璃仪器应用无氨水洗涤。

当测定水中痕量有机物时，其玻璃仪器需用铬酸洗液浸泡 15 min 以上，再用水、蒸馏水洗净，如有机氯杀虫剂类。用于有机物分析的采样瓶应用铬酸洗液、自来水、蒸馏水依次洗净，最后以重蒸的丙酮、乙烷或氯仿洗涤数次，瓶盖也用同样方法处理。

应用于增塑剂类分析测定的玻璃仪器经过刷洗和自来水冲净后，还须依次用热水丙酮、己烷等浸泡和冲刷，然后再用蒸馏水冲洗洁净。用于萃取环境样品中增塑剂的索氏脂肪提取器应先用己烷和乙醚分别回流提取 3～4 h后，才能用于环境样品的分析测定。

(三)玻璃仪器的干燥

每次实验都应使用干净的玻璃仪器，所以应养成实验结束后，立即洗净所用玻璃仪器等的良好习惯。仪器被洗净后，应沥干水滴并按下列方法干燥。

1. 控干

将洗净的玻璃仪器倒置在滴水架上或专用柜内控水晾干。倒置还有防尘作用。

2. 烘干

这是最常用的方法。其优点是快速、省时间。将洗净的玻璃仪器置于110～120 ℃的清洁烘箱内烤烘 1 h左右，有的烘箱还可鼓风以驱除湿气。烘干的玻璃仪器一般都在空气中冷却。但是当称量瓶等用于精确称量的玻璃仪器时，应在干燥器中冷却保存。任何量器均不得用烘干法干燥。

3. 吹干

当急需使用干燥的玻璃仪器而不便于烘干时，可使用电吹风机快速吹干。电吹风机可吹冷风或热风，供选择使用。各种比色管、离心管、试管、锥形瓶、烧杯等均可用此法迅速吹干。一些不宜高温烘烤的玻璃仪器也可用电吹风加快干燥，如吸管、比重瓶、滴定管等。如果玻璃仪器带水较多，可先用丙酮、乙醇、乙醚等有机溶剂冲洗一下，则吹干更快。

4. 烤干

有时也可以用酒精灯或红外线灯加热烤干。在烤干时，从玻璃仪器底部烤起，逐渐将水赶到出口处挥发掉。注意防止瓶口的水滴滴回烤热的底部引起炸裂。反复上述动作 2～3 次即可烤干。烤干法只适用于硬质玻璃仪器。有些玻璃仪器不宜用烤干法干燥，如比色皿、比色管、称量瓶、试剂瓶等。

(四)玻璃仪器的保存

将干净的玻璃仪器倒置于专用柜内，柜内的隔板上衬垫清洁滤纸，也可在玻璃仪器上覆盖清洁纱布，关闭柜门，防止落尘。各种玻璃仪器还要根据其特点、用途、实验要求等按不同方法加以保管。

(1)吸管可置于有盖的搪瓷盘、盒中，垫以清洁纱布，也可以置于移液管架上并罩以塑料薄膜。

(2)滴定管可倒置于滴定架上或盛满蒸馏水，上口加套指形管或小烧杯。使用中的滴定管(内装滴定液)在操作暂停时也应加套以防灰尘落入。

(3)清洁的比色皿、比色管、离心管要放在专用盒内或倒置在专用架上。

(4)具磨口塞的清洁玻璃仪器要衬纸加塞保存，如量瓶、称量瓶、碘量瓶、试剂瓶等。

(5)凡有配套塞、盖的玻璃仪器都必须保持原装配套，不得拆散使用和存放，如比重瓶、称量瓶、量瓶、分液漏斗、比色管、滴定管等。

二、称量

天平和砝码是监测分析室中必备的质量计量基准。称量的准确度对分析结果的正确性有极大的影响，因此，必须熟悉天平和砝码的正确使用与维护。

(一)天平的分级

按天平的精度，以其名义分度值与最大载荷的比值分为10级，如附表1-1所列。

附表1-1 天平分级

精度级别	1	2	3	4	5	6	7	8	9	10
名义分度值与最大载荷之比	1×10^{-7}	2×10^{-7}	5×10^{-7}	1×10^{-6}	2×10^{-6}	5×10^{-6}	1×10^{-5}	2×10^{-5}	5×10^{-5}	1×10^{-4}

(二)电子天平

电子天平采用无刀电子数字显示结构。天平具有去皮重装置，能累计称量，称量反应快、准确度高，可连接打印机或计算机，打印称量稳定值或进行数据处理。它适用于对物质质量做快速测定。

例如，瑞士梅特勒M3电子微量天平的称量范围为0～3 050 mg，读数精度为1 mg，内置稳定性监测器，稳定时才输出数据，并有内装校验砝码。瑞士梅特勒AE240S电子分析天平，将半微量天平(0～41 g)和宏量天平(0～205 g)结合起来，读数精度分别为0.01 mg和0.1 mg。一平两用的所有功能控制在一条杠上，选择称量范围和其他操作简易迅速，重现性准确度百分之百。

(三)称样量的选择

选择适宜的称样量是保证分析准确性的重要条件之一。监测分析室用三级天平的称量误差为±0.2 mg。为使称量相对误差小于0.1%，必须有适当的称样量。

$$称样量=称量绝对误差/称量相对误差=\frac{0.000\ 2}{0.1\%}=0.2\ \mathrm{g}$$

据此可知，要保证分析结果误差在0.1%范围内，称样量不得少于0.2 g。

(四)天平的正确使用

1. 用前准备

(1)检查天平的水平状态，用底脚螺丝调节水平。

(2)检查全套砝码是否都在零位，各部件是否处于正确位置。

(3)打开天平罩的两个侧门5～10 min，天平的温度、湿度与外部平衡，避免由此引起的示值变动。关好侧门。

(4)调节天平零点，并多次启闭天平，使各零部件的落位正常，以减少天平的变动。

2. 使用注意事项

(1)取放砝码和称量物品应使用侧门，中门仅用于调试和检修。启闭侧门要轻稳，以免天平移位。放好砝码和称量物品应立即关好侧门。

(2)称量时，启闭横梁用力要轻缓、均匀，以防损伤刀刃。对无阻尼天平关闭横梁应在指针摆至标牌的中间部位时进行。

(3)砝码和称量物品均应放在盘的中央部位，以减少天平的摆动和刀刃受损而影响称量的准确性。

(4)称量的物品总量不得超过天平最大载荷，最好先在架盘天平上对称量物品进行粗称，以免横梁发生严重偏倾和剧烈震动，并可减少在天平上的操作时间。

(5)称量腐蚀性、吸湿性或挥发性强的物品，必须放在能密塞的容器内进行。任何试剂或样品均不得在天平盘上直接称量。

(6)当天平处于开启状态时，不得启闭天平罩门，更不允许在秤盘上取放砝码和物品，以保护刀刃不受损伤。

(7)待称量物品的温度必须经预平衡，在接近天平的温度后，再进行称量。

(8)读取称量数据后应立即关闭天平。当不再继续使用时，应先将砝码复位再取称量物品，关好侧门，切断电源，罩好防尘罩，登记使用情况。

(五)天平的维护

1. 安放地点

(1)天平室要干燥、通风、光线明亮柔和、无直射阳光。

(2)天平室附近不得有震动源。天平附近不得有热源。

(3)天平室内应避免明显气流(如穿堂风、电风扇的气流等)、有害气体和灰尘进入，并应保持室温相对稳定。若室内放有分度值为 0.001 mg 级的天平，则室温应在(20±1)℃，相对湿度应为(65±5)%。

(4)天平台要求平稳，可砌筑减震式混凝土台。台基应深入地下，台身应离开墙壁。台面要有足够的工作面积以便于操作和记录，并可辅衬橡胶垫减震。一般台高约为 800 mm，台宽以 600 mm 左右为宜。对 0.01 mg 级的分析天平要采取相应的防震措施，使振幅小于 5 μm。

2. 天平的保养

(1)天平内需保持干燥，适时更换干燥剂。严禁使用有腐蚀性的干燥剂。

(2)保持天平室和天平罩内清洁。天平罩内的纤尘可用软毛刷刷拭，刀和刀承可用绸布蘸少许无水乙醇或乙醚擦拭。反射镜面宜用镜头纸或麂皮轻拭。其他零部件用绸布或麂皮擦拭均可。在操作时，注意避免零件碰伤，保护好刀刃。

(3)天平应有专人负责日常的维护与保养。

(4)应设立天平和砝码的管理档案，详细记录检定、维修和保养以及使用情况。

(5)当天平长期不用或搬动时，必须将秤盘、吊耳、横梁、灯罩、变压器和开关旋钮等零件小心取下放入专用包装箱内妥善保管。

(6)天平在安装、修理和移动位置后，均应进行计量性能检定。检定应由计量部门进行。使用中的天平应按使用的频繁情况进行定期检定。如果在使用中发现示值变动超过规定，即应进行调修和检定。

(7)新安装和修理后的天平须待其各部件应力消除后，再进行检定。当 1～3 级微分标牌天平在装修过程中调动刀位时，应停放 2～3 h，再进行检定。

三、试液的配制方法

(一)溶质

1. 固体试剂

固体试剂按所需数量直接称取即可。但是当配制标准溶液和滴定溶液时，所用无水试剂都必须在 105～110 ℃的烘箱内烘 1～2 h 及以上，在有效的干燥器内冷却至室温后，立刻称量以供配制。如果某种试剂不宜在 105～110 ℃干燥，就应按该试剂之规定执行。水合盐类可在有效的干燥器内适当干燥，不用加热法烘干。使用时，应按“只出不进，量用为出”的原则称取，即多余的试剂不允许再放回原试剂瓶中，以免污染原瓶试剂。称取试剂应使用洁净干燥的容器，对易吸潮的试剂应以有盖容器（如称量瓶）称取。

2. 液体试剂

以体积分数配制时，按所需数量直接量取即可；以质量体积浓度配制时，应先将瓶签上标示的质量分数乘以密度，换算成质量体积浓度，再算出所需体积后，称量取之。

当液体试剂取用时，应规定“只准倾出，不准吸出”，即先小心倾出适量液体试剂至洁净干燥的容器内，再用吸管吸取，而不准直接从原装试剂瓶内吸取，以防污染原瓶试剂或带入水分。当小心倾取液体试剂时，应使试剂瓶的瓶签朝上，以免瓶签被沿瓶口淌下的试剂润湿或腐蚀而脱落。

（二）溶剂

1. 水

除明确规定者外，分析方法中所配制的溶液均为蒸馏水或去离子水所配制的水溶液。

2. 有机溶剂

有机溶剂与所用溶质的纯度应相当，若其纯度偏低，须经蒸馏或分馏，收集规定沸程内的馏出液；必要时，应进行检验，质量合格后，再使用。

（三）配制试液的注意事项

（1）当配制准确浓度的溶液时，如溶解已知量的某种基准物质或稀释某一已知浓度的溶液时，必须用经校准过的容量瓶，并准确地稀释至标线，然后充分混匀。

（2）在标准分析方法中，一般都介绍每次配制 1 000 mL 溶液。实际上，有时需要少一些或多一些，可按方法中的比例配制所需要的体积，而不必拘于 1 000 mL。有些地方要求配 100 mL，有些溶液不易保存或用量很小，配 1 000 mL 就造成浪费了。

配溶液时的安全规定：一定要将浓酸或浓碱缓慢地加入水中，并不断搅拌，待溶液温度冷却到室温后，才能稀释到规定的体积。

（3）配制时，所用试剂的名称、数量及有关计算均应详细写在原始记录本上，以备查对。

（4）溶质常须加热助溶，或在溶解过程中放出大量溶解热，故应在烧杯内配制，待溶解完全并冷至室温后，再加足溶剂，倾入试剂瓶中。

（5）碱性试液和浓盐类试液勿贮于磨口塞玻璃瓶内，以免瓶塞与瓶口固结后不易打开。遇光易变质的试液应贮于棕色瓶中，放暗处保存。

（6）应以不褪色的墨水在瓶签上写明试剂名称、浓度、酸度和配制日期（必要时注明所用试剂的级别和溶剂的种类）。盛装易燃、易爆、有毒或有腐蚀性试液的试剂瓶应使用红色边框的瓶签。

（四）试液的使用与保存

（1）有些标准溶液常因化学变化或微生物作用而慢慢变质。这类标准溶液要注意保存并经常进行标定，像稀盐酸一类的液体是不易变化的，但是蒸发损失也会影响其浓度。温度变化造成的瓶内壁水珠是蒸发的表现。除非经过重新标定，超过一年就很难不起变化。假如能使蒸发减少到极微，超过一年也不会有多大问题。如果瓶子为常敞口或为半瓶，几个月内的蒸发损失率就很可观了。

(2)有些试剂溶液受日光照射易引起变质,应该保存于深色玻璃瓶中,最好贮存于暗处,如硝酸银溶液等。

(3)盛有试液的试剂瓶应放在试液橱内或无阳光直射的试液架上,试液架应安装玻璃拉门,以免灰尘积聚在瓶口上而导致在倒取溶液时引进污染。必要时,可在瓶口上罩一只适当大小的烧杯防尘。

(4)试液瓶附近勿放置发热设备,以免促使试液变质,如电炉等。

(5)试液瓶内液面以上的内壁常凝聚着成片的水珠,在使用前应振摇混匀水珠和试液。

(6)吸取试液的吸管应预先洗净和晒干。当多次或连续使用时,在每次使用后应妥善存放避免污染,不允许裸露平放在桌面上或插在试液瓶内。

(7)在同时取用相同容器盛装的几种试液,特别是当两人以上在同一台面上操作时,应注意勿将瓶塞盖错而造成交叉污染。

(8)当测定同一批样品并需对分析结果进行比较时,应使用同一批号试剂配制的试液。

(9)已经变质、污染或失效的试液应随即处理掉,以免与新配试液混淆而被误用。

四、容量滴定法分析操作技术

容量分析是指将一种具有已知准确浓度的试剂溶液的滴定剂,包括标准溶液加到含待测物质的溶液中,所加试剂与待测物质按化学反应完成为止,然后根据试剂溶液的浓度和用量计算待测物质的含量。这是一种相对分析法。在容量分析中,最重要的操作是移液和滴定。

(一)移液

1. 移液管的选择原则

移液管的误差按 A 级和 B 级区分,各为其总体积的 0.2%和 0.4%。在配制标准溶液、基准试液和定量稀释或进行高精度和仲裁分析时,应选用 A 级移液管。移液操作应一次完成,选单标线移液管,不得用小容量移液管多次移液,以免增加误差。

2. 移液注意事项

(1)任何玻璃量器都不允许用烘箱烘干。

(2)为减少测量误差,当使用分度吸管作精密移液时,每次都应以零标线为起点,放出所需体积,不得分段连续使用。

(二)滴定

容量分析按反应的性质可分为酸碱滴定法、氧化还原滴定法、络合滴定法和沉淀滴定法。测定的相对误差为 0.2%左右。

1. 滴定管的选择

根据滴定量的大小,选择相应容积的滴定管以控制滴定误差。当滴定量为 10 mL 以内时,应选用 10 mL 微量滴定管;当滴定量为 10～25 mL 以内时,应选用 25 mL 滴定管。不得使用大容量滴定管连续滴定多份试样,也不宜使用容积小于滴定量的滴定管做多次充液滴定同一试样。

2. 滴定量的确定

当滴定操作完成时,标准溶液的消耗量即为滴定量。A 级滴定管读数误差为 0.01 mL,而每次滴定过程中都要取 2 次读数,这将导致小于±0.02 mL 的误差。

$$滴定量=0.02\ mL/0.1\%=20\ mL$$

附录三 畜禽舍小气候参数

附表 3-1 畜禽舍小气候参数

畜禽舍	畜禽龄与饲养方式	温度/℃	相对湿度/%	噪声允许强度/dB	微生物允许含量/(千个/m^3)	尘埃允许含量/(mg/m^3)	有害气体允许浓度		
							CO_2/%	NH_3/(mg/m^3)	H_2S/(mg/m^3)
牛舍									
成乳牛舍，1岁以上青年牛舍	拴系或散放饲养	10(8～12)	70(50～85)	70	<70		0.25	34	4
	散放厚垫草饲养	6(5～8)	70(50～85)	70	<70		0.25	34	4
产间		16(14～18)	70(50～85)	70	<50		0.15	17	2
犊牛预防室	0～20日龄	18(16～20)	70(50～80)	70	<20		0.15	17	2
犊牛舍	20～60日龄	17(16～18)	70(50～85)	70	<50		0.15	17	2
	60～120日龄	15(12～18)	70(50～85)	70	<40		0.25	26	4
幼牛舍	4～12月龄	12(8～16)	75(50～85)	70	<70		0.25	34	4
小公牛及小母牛舍	1岁以上	12(8～16)	70(50～85)	70	<70		0.25	34	4
猪舍									
空怀、妊娠前期母猪舍		15(14～16)	75(60～85)	70	<100		0.2	34	4
公猪舍		15(14～16)	75(60～85)	70	<60		0.2	34	4
妊娠后期母猪舍		18(16～20)	70(60～80)	70	<60		0.2	34	4
哺乳母猪舍		18(16～18)	70(60～80)	70	<50		0.2	26	4
哺乳仔猪		30～32	70(60～80)	70	<50		0.2	26	4
后备猪舍		16(15～18)	70(60～80)	70	<50		0.2	34	4
育肥猪舍	断奶仔猪	22(20～24)	70(60～80)	70	<50		0.2	34	4
	165日龄前	18(14～20)	75(60～85)	70	<80		0.2	34	4
	165日龄后	16(12～18)	75(60～85)	70	<80		0.2	34	4

续表 3-1

畜禽舍	畜禽龄与饲养方式	温度/℃	相对湿度/%	噪声允许强度/dB	微生物允许含量/(千个/m^3)	尘埃允许含量/(mg/m^3)	有害气体允许浓度 CO_2/%	有害气体允许浓度 NH_3/(mg/m^3)	有害气体允许浓度 H_2S/(mg/m^3)
羊舍									
公羊舍、母羊舍、断奶后及去势后的小羊舍		5(3～6)	75(50～85)		<70		0.3	34	4
产间暖棚		15(12～16)	70(50～85)		<50		0.25	34	4
公羊舍内的采精间		15(13～17)	75(50～85)		<70		0.3	34	4
禽舍									
成年鸡舍	笼养	20～18	60～70	90		2～5	0.15～0.2	17	2
	地面平养	12～16	60～70	90		2～5	0.15～0.2	17	2
成年火鸡舍		12～16	60～70	90		2～5	0.15～0.2	17	2
成年鸭舍		7～14	70～80	90		2～5	0.15～0.2	17	2
成年鹅舍		10～15	70～80	90		2～5	0.15～0.2	17	2
雏鸡舍	1～30 日龄,笼养	31～20	60～70	90		2～5	0.2	17	2
	1～30 日龄,地面平养	31～24 (伞下 35～22)	60～70	90		2～5	0.2	17	2
	31～60 日龄,笼养	20～18	60～70	90		2～5	0.2	17	2
	31～60 日龄,地面平养	18～16	60～70	90		2～5	0.2	17	2
	61～70 日龄,笼养	18～16	60～70	90		2～5	0.2	17	2
	61～70 日龄,地面平养	16～14	60～70	90		2～5	0.2	17	2
	71～150 日龄,笼养	16～14	60～70	90		2～5	0.2	17	2
	71～150 日龄,地面平养	16～14	60～70	90		2～5	0.2	17	2

续表 3-1

畜禽舍	畜禽龄与饲养方式	温度/℃	相对湿度/%	噪声允许强度/dB	微生物允许含量/(千个/m³)	尘埃允许含量/(mg/m³)	有害气体允许浓度		
							CO_2/%	NH_3/(mg/m³)	H_2S/(mg/m³)
雏火鸡舍	1～20 日龄，笼养	37～35	60～70	90		2～5	0.2	17	2
	1～20 日龄，地面平养	27～22 (伞下 35～22)	60～70	90		2～5	0.2	17	2
	21～120 日龄，笼养	22～18	60～70	90		2～5	0.2	17	2
	21～120 日龄，地面平养	20～18	60～70	90		2～5	0.2	17	2
雏鸭舍	1～10 日龄，笼养	31～22	65～75	90		2～5	0.2	17	2
	1～10 日龄，地面平养	22～20 (伞下 35～26)	65～75	90		2～5	0.2	17	2
	11～30 日龄	20～18 (伞下 26～22)	65～75	90		2～5	0.2	17	2
	31～55 日龄	16～14	65～75	90		2～5	0.2	17	2
雏鹅舍	1～30 日龄，笼养	20	65～75	90		2～5	0.2	17	2
	1～30 日龄，地面平养	22～20 (伞下 30)	65～75	90		2～5	0.2	17	2
	31～65 日龄	20～18	65～75	90		2～5	0.2	17	2
	66～240 日龄	16～14	70～80	90		2～5	0.2	17	2

注：1. 表中温度、相对湿度栏中括号内数值为允许的波动范围；各类雏禽舍温度括号中数字为育雏保温伞下温度。

2. 各类牛舍夏季最高允许温度应不超过 25～27 ℃，最低湿度不小于 50%；哺乳仔猪的温度应为：第 1 周 30 ℃，第 2 周 26 ℃，第 3 周 24 ℃，第 4 周 22 ℃；各类猪舍夏季最高允许温度(除哺乳仔猪)应不高于 25 ℃，最低湿度不小于 50%；各类禽舍夏季最高允许温度应不高于 30 ℃；鸡舍和火鸡舍允许个别季节相对湿度达 75%，最低不小于 50%；鸭舍最高湿度允许 85%，最低不少于 60%。开放和半开放式鸡舍没有制定标准。

附录四 外墙保温隔热性能

附表 4-1 外墙保温隔热性能

序号	构造方案及各层热阻 R		保温隔热性能				
1	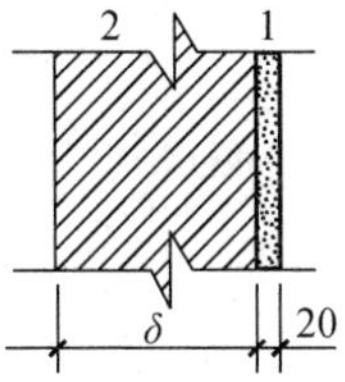	1. 白灰粉刷(R=0.028) 2. 砖墙(240 mm 厚,R=0.295; 370 mm 厚,R=0.455; 490 mm 厚,R=0.602; 620 mm 厚,R=0.745)	δ	240	370	490	620
			$R_{o,d}$	0.481	0.641	0.788	0.947
			$R_{o,x}$	0.492	0.652	0.799	0.959
			$\sum D$	3.09	4.63	6.05	7.59
			V_o	11.54	34.20	93.08	276.70
			ξ_o	7.87	12.02	15.85	20.01
2	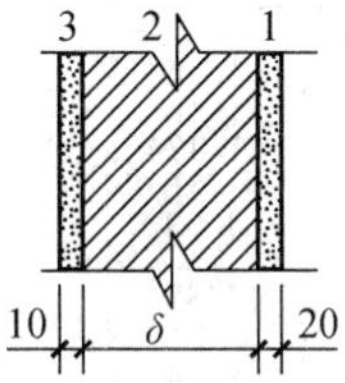	1. 白灰粉刷(同序号 1) 2. 砖墙(同序号 1) 3. 水泥砂浆	δ	240	370	490	620
			$R_{o,d}$	0.502	0.662	0.809	0.969
			$R_{o,x}$	0.513	0.673	0.820	0.980
			$\sum D$	3.30	4.84	6.26	7.80
			V_o	13.61	39.78	109.3	322.3
			ξ_o	8.46	12.61	16.45	20.61
3	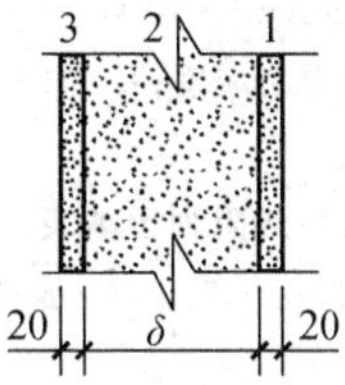	1. 抹泥(R=0.286) 2. 土坯墙(370 mm 厚,R=0.530; 490 mm 厚,R=0.702; 620 mm 厚,R=0.917) 3. 抹泥(R=0.286)	δ	370	490	620	
			$R_{o,d}$	1.260	1.420	1.647	
			$R_{o,x}$	1.272	1.443	1.658	
			$\sum D$	10.13	11.71	13.42	
			V_o	168.5	5 218.0	1 7275.0	
			ξ_o	26.81	31.25	35.80	
4	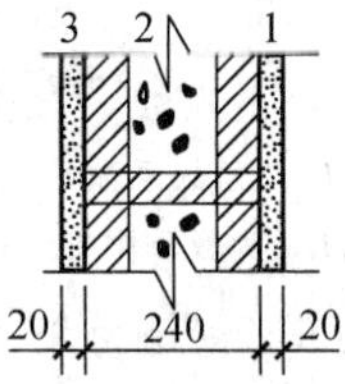	1. 白灰粉刷(同序号 1) 2. 空斗墙填焦砟*(R=0.408) 3. 水泥砂浆(同序号 2) *热阻值须按非匀质实体计算。如是不填焦砟的空斗墙,其冬、夏季总热阻均与同厚度的实体砖墙同。	δ	240			
			$R_{o,d}$	0.615			
			$R_{o,x}$	0.626			
			$\sum D$	3.45			
			V_o	15.30			
			ξ_o	8.76			
5	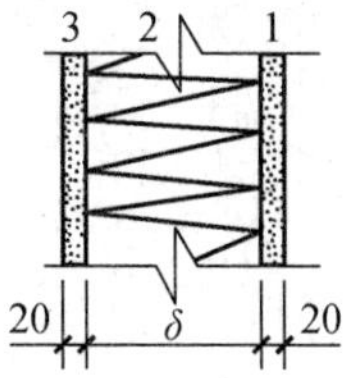	1. 白灰粉刷(同序号 1) 2. 空心砖 (380 mm 厚,R=0.469; 450 mm 厚,R=0.703) 3. 水泥砂浆(同序号 2)	δ	300	450		
			$R_{o,d}$	0.676	0.911		
			$R_{o,x}$	0.689	0.922		
			$\sum D$	4.21	6.09		
			V_o	26.12	98.40		
			ξ_o	10.74	15.82		

续表 4-1

序号	构造方案及各层热阻 R		保温隔热性能			
6	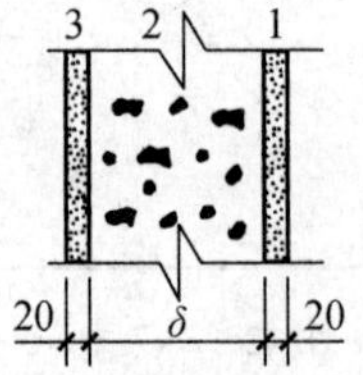	1．白灰粉刷(同序号 1) 2. 焦渣砖墙 (380 mm 厚，$R=0.653$； 450 mm 厚，$R=0.774$) 3. 水泥砂浆	δ	380	450	
			$R_{o,d}$	0.861	0.981	
			$R_{o,x}$	0.872	0.992	
			$\sum D$	4.81	5.63	
			V_o	41.35	74.40	
			ξ_o	12.19	14.42	
7	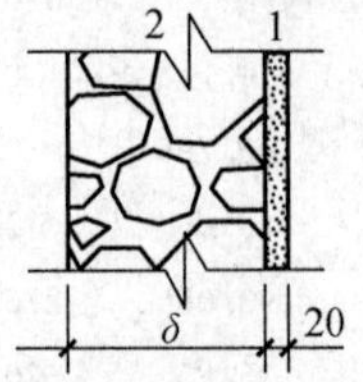	1. 白灰粉刷(同序号 1) 2. 石墙(490 mm 厚，$R=0.132$； 620 mm 厚，$R=0.194$)	δ	490	620	
			$R_{o,d}$	0.353	0.395	
			$R_{o,x}$	0.365	0.406	
			$\sum D$	4.02	5.00	
			V_o	24.20	48.18	
			ξ_o	11.39	14.03	
8	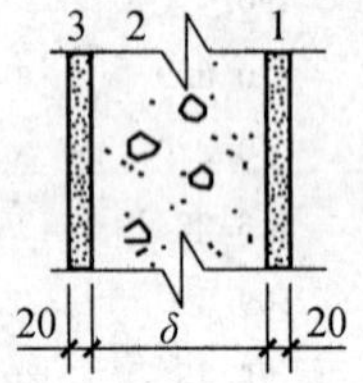	1. 白灰粉刷(同序号 1) 2. 泡沫混凝土墙 (120 mm 厚，$R=0.574$； 160 mm 厚，$R=0.765$； 200 mm 厚，$R=0.956$) 3. 水泥砂浆(同序号 2)	δ	120	160	200
			$R_{o,d}$	0.781	0.972	1.163
			$R_{o,x}$	0.792	0.983	1.174
			$\sum D$	2.03	2.55	3.09
			V_o	8.05	11.54	16.82
			ξ_o	5.08	6.49	7.94

注：1. 表中 R 为材料层热阻($m^2 \cdot K/W$)；δ 为材料层厚度(mm)；$R_{o,d}$为构造方案的冬季总热阻($m^2 \cdot K/W$)；$R_{o,x}$为构造方案的夏季总热阻($m^2 \cdot K/W$)；$\sum D$ 为构造方案各层材料的热惰性指标之和；V_o 为构造方案的总衰减度；ξ_o 为构造方案的总延迟时间(h)。

2. 表中各构造方案(除序号 4 外)的冬、夏季总热阻($R_{o,d}$ 和 $R_{o,x}$)均按公式求得，墙体各材料层热阻列于本表图例旁，内、外表面热转移阻为 R_n 和 R_w，R_n 值冬、夏季均取 0.115 $m^2 \cdot K/W$；R_w 值冬、夏季均取 0.043 和 0.057 3 $m^2 \cdot K/W$。

3. 表中序号 4 的墙体构造为非匀质实体，其总热阻计算方法可查阅传热学等有关资料。

4. 表中各构造方案的总衰减度 V_o 按下列公式求得。

$$V_o = e^{0.7\sum D}\left[0.5+3\left(\frac{R_w}{6A}+A+R_w\right)\right]$$

式中：V_o 为总衰减度；$\sum D$ 为各材料层热惰性指标 D 之和(材料层热惰性指标是该层材料的热阻 R 与蓄热系数 S 的乘积，即 $D=R \cdot S$；则 $\sum D = D_1 + D_2 + \cdots\cdots = R_1S_1 + R_2S_2 + \cdots\cdots$)；e 为自然对数的底(e=2.718 28)；$R_w$ 为夏季围护结构外表面热转移阻($m^2 \cdot K/W$)；(本表取 0.057 3)；$A=\sum \frac{R}{S} / \sum R$，$R$ 和 S 为材料层热阻和材料的蓄热系数，则 $\sum \frac{R}{S} / \sum R = \left(\frac{R_1}{S_1}+\frac{R_2}{S_2}+\cdots\cdots\right)/(R_1+R_2+\cdots\cdots)$。

5. 表中各构造方案的总延迟时间 ξ_o 由下列公式求和得。

$$\xi_o = 2.7\sum D^{-0.4}$$

式中：ξ_o 为总延长时间(h)；$\sum D$ 为同上式。

附录五 屋顶保温隔热性能

附表 5-1 屋顶保温隔热性能

序号	构造方案及各层热阻 R	保温隔热性能			
1	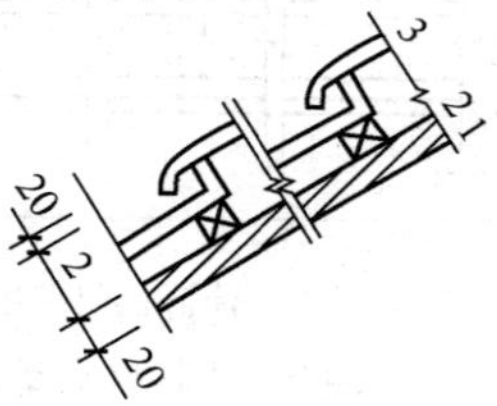 1. 屋面板(R=0.115) 2. 油毡(R=0.114) 3. 水泥瓦(R=0.021 5)	$R_{o,d}$	0.305		
		$R_{o,x}$	0.346		
		$\sum D$	0.734		
		V_o	2.03		
		ξ_o	1.1		
2	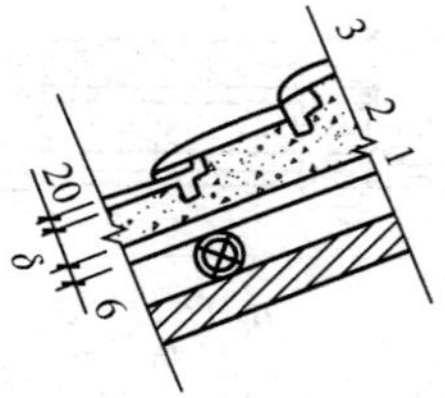 1. 苇箔或荆笆(R=0.057) 2. 草泥(50 mm 厚,R=0.143; 800 mm 厚,R=0.229; 100 mm 厚,R=0.289) 3. 水泥瓦(同序号 1)	δ	50	80	100
		$R_{o,d}$	0.380	0.466	0.523
		$R_{o,x}$	0.419	0.505	0.562
		$\sum D$	1.063	1.503	1.795
		V_o	3.441	4.223	5.304
		ξ_o	2.40	3.66	4.45
3	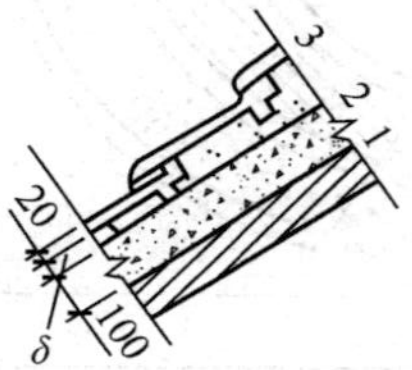 1. 苇把或秫秆把 (直径 100,R=1.11) 2. 草泥(同序号 2) 3. 水泥瓦(同序号 1)	δ	50	80	100
		$R_{o,d}$	1.280	1.364	1.421
		$R_{o,x}$	1.319	1.403	1.460
		$\sum D$	2.876	3.316	3.606
		V_o	15.94	21.24	25.70
		ξ_o	7.37	8.55	9.34

续附表 5-1

序号	构造方案及各层热阻 R		保温隔热性能			
4	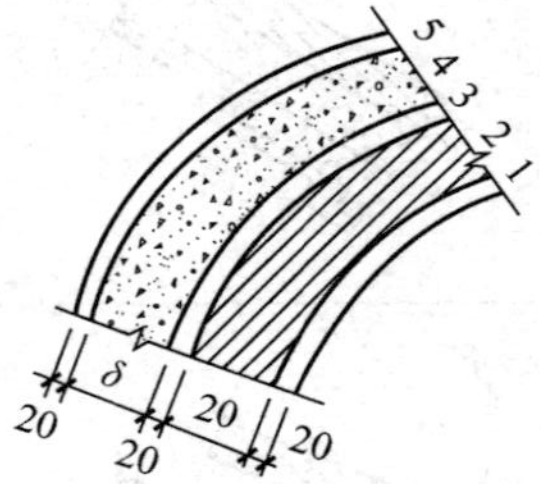	1. 白灰粉刷($R=0.028$) 2. 砖拱($R=0.148$) 3. 水泥砂浆($R=0.021$) 4. 白灰焦渣(50 mm 厚,$R=0.172$; 80 mm 厚,$R=0.275$; 120 mm 厚;$R=0.412$) 水泥砂浆($R=0.021$)	δ	50	80	120
			$R_{o,d}$	0.548	0.651	0.788
			$R_{o,x}$	0.587	0.690	0.827
			$\sum D$	2.73	3.13	3.68
			V_o	9.24	12.68	19.03
			ξ_o	6.93	8.06	9.52
5	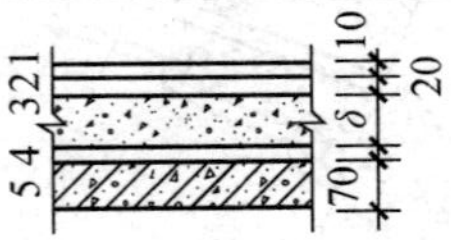 * 泡沫混凝土可用相同厚度的水泥膨胀珍珠岩(密度 600 kg/m^3)代替。	1. 二毡三油豆石($R=0.057$) 2. 水泥砂浆(同序号 4) 3. 泡沫混凝土(80 mm 厚,$R=0.382$;120 mm 厚,$R=0.574$;200 mm 厚,$R=0.956$) 4. 石油沥青隔气层($R=0.006\,6$) 5. 钢筋混凝土板($R=0.045$)	δ	80	120	200
			$R_{o,d}$	0.670	0.862	1.244
			$R_{o,x}$	0.710	0.902	1.285
			$\sum D$	2.22	2.75	3.80
			V_o	11.01	16.00	33.87
			ξ_o	5.42	6.85	9.70
6	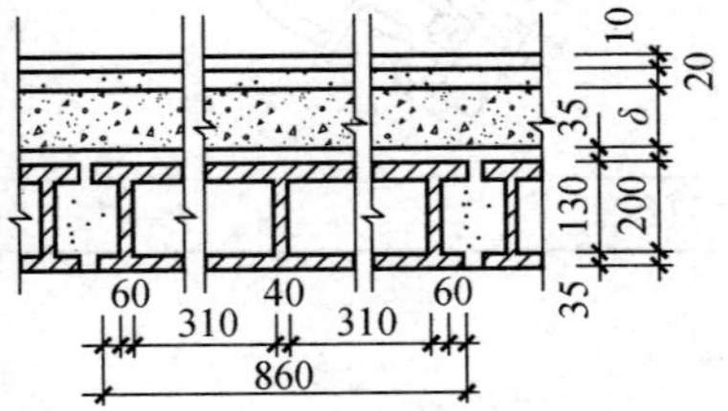	1. 二毡三油豆石(同序号 5) 2. 水泥砂浆(同序号 4) 3. 泡沫混凝土或水泥膨胀珍珠岩(同序号 5) 4. 石油沥青隔气层(同序号 5) 5. 水泥砂浆(同序号 4) 6. 钢筋混凝土空心板*($R=0.168$) * 须按非匀质实体计算 R。	δ	80	120	200
			$R_{o,d}$	0.814	1.007	1.389
			$R_{o,x}$	0.855	1.047	1.429
			$\sum D$	2.70	3.23	4.28
			V_o	20.4	29.7	62.5
			ξ_o	6.42	7.85	10.69

注:1. 表中各符号的意义同附表 4-1。

2. 表中各构造方案(除序号 6 外)的冬季总热阻($R_{o,d}$和 $R_{o,x}$)均按公式求得;屋顶各材料层热阻列于本表图例旁;内、外表面热转移阻 R_n 和 R_w,R_n 值冬、夏季分别取 0.115 和 0.143 3(m^2·K/W);R_w 值冬、夏季分别取 0.043 和 0.057 3(m^2·K/W)。

附录六　吊顶保温隔热性能

附表 6-1　吊顶保温隔热性能

序号	构造方案及材料热阻 R		保温隔热性能			
1	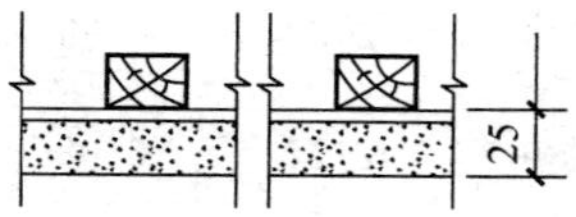	龙骨钉苇箔抹灰 $R=0.064$	$R_{o,d}$	0.625		
			$R_{o,x}$	0.408		
			$\sum D$	0.322		
			V_o	1.91		
			ξ_o	0.47		
2	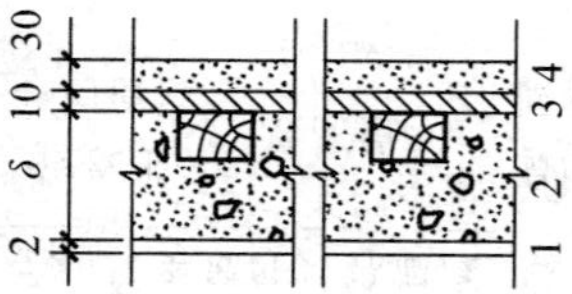	1. 油毡($R=0.009\ 7$) 2. 白灰锯末(50 mm 厚,$R=0.39$; 100 mm 厚,$R=0.78$ 3,4. 板条抹灰($R=0.057$)	δ	0*	50	100
			$R_{o,d}$	0.267	0.657	1.047
			$R_{o,x}$	0.410	0.801	1.191
			$\sum D$	0.426	1.441	2.417
			V_o	1.70	4.98	10.43
			ξ_o	0.74	3.49	6.13
				* 无白灰锯末和油层		

注:1. 表中各构造方案的冬、夏季总热阻 $R_{o,d}$ 和 $R_{o,x}$ 均按公式求得。

2. 吊顶各材料层热阻列于图例旁,内、外热转移阻 R_n 和 R_w,R_n 值冬、夏季分别取 0.115 和 0.143 3 $m^2\cdot K/W$;R_w 值冬、夏季分别取 0.086 和 0.172 $m^2\cdot K/W$。

3. 加吊顶的屋顶,须按下式计算屋顶和吊顶的热阻。

$$R_o=R_{o,棚}+R_{o,顶}\cdot\cos\alpha=R_{o,棚}+R_{o,顶}\cdot\frac{F_{棚}}{F_{顶}}$$

式中:R_o 为屋顶和吊顶的总热阻($m^2\cdot K/W$);$R_{o,棚}$ 和 $R_{o,顶}$ 为吊顶和屋顶的总热阻,均按公式计算;α 为屋顶和吊顶(即屋架上、下弦)的夹角,(机制平瓦屋面 α 一般为 26.585°,故 $\cos\alpha=0.894\ 4$);$F_{棚}$ 和 $F_{顶}$ 为吊顶和屋顶的面积(m^2)。

附录七　围护结构夏季低限热阻

附表 7-1　围护结构夏季低限热阻

序号	城市名称	夏季舍外计算温度/℃			夏季太阳辐射强度/(J·W/m²)						低限总衰减度值 V_o^d		夏季低限热阻值 R_o^{xd}/(m²·K/W)	
		昼夜平均值 $t_{w,p}$	最高值 $t_{w,max}$	温度振幅 A_{tw}	昼夜平均值 J_p		最大值 J_{max}		辐射强度振幅 A_J					
					水平	西	水平	西	水平	西	屋顶	西墙	屋顶	西墙
1	南宁	31.0	36.7	5.7	310.9	148.3	976	594	665.1	445.7	13.70	10.32	0.759	0.332
2	广州	31.1	35.6	4.5	304.9	145.1	962	591	657.1	445.9	13.11	9.84	0.743	0.324
3	福州	30.9	37.2	6.3	315.2	150.2	983	624	667.8	473.8	13.98	11.06	0.770	0.337
4	贵阳	26.9	32.7	5.8	326.3	156.3	1 021	603	658.7	446.7	13.64	10.20	0.799	0.353
5	长沙	32.7	37.9	5.2	321.9	153.6	1 000	651	678.1	497.4	13.74	11.06	0.788	0.346
6	北京	30.2	36.3	6.1	341.6	169.9	1 003	697	661.4	527.1	13.80	11.95	0.840	0.389
7	郑州	32.5	38.8	6.3	307.0	148.3	935	609	628.0	460.7	13.29	10.83	0.749	0.332
8	上海	31.2	36.1	4.9	315.4	151.6	967	640	651.6	488.4	13.17	10.78	0.771	0..341
9	武汉	32.4	36.9	4.5	312.0	149.4	961	633	649.0	483.6	12.97	10.53	0.762	0.335
10	西安	32.3	38.4	6.1	312.0	151.8	945	607	633.0	455.2	13.30	10.65	0.775	0.341

续附表 7-1

序号	城市名称	夏季舍外计算温度/℃			夏季太阳辐射强度/(J·W/m²)						低限总衰减度值 V_o^d		夏季低限热阻值 R_o^{xd}/(m²·K/W)	
		昼夜平均值 $t_{w,p}$	最高值 $t_{w,max}$	温度振幅 A_{tw}	昼夜平均值 J_p		最大值 J_{max}		辐射强度振幅 A_J					
					水平	西	水平	西	水平	西	屋顶	西墙	屋顶	西墙
11	重庆	33.2	38.9	5.7	316.9	151.9	980	640	663.1	488.1	13.67	11.08	0.775	0.341
12	杭州	32.1	37.2	5.1	396.8	147.2	944	608	637.2	460.8	13.00	10.36	0.748	0.329
13	南京	32.0	37.1	5.1	324.2	155.1	999	650	674.8	494.9	13.65	10.97	0.794	0.350
14	南昌	32.9	37.8	4.9	329.6	157.4	1 021	676	691.4	518.6	13.86	11.32	0.808	0.356
15	合肥	32.3	36.8	4.5	338.3	161.8	1 004	687	665.7	525.2	13.26	11.28	0.831	0.367

注:1. 围护结构夏季低限热阻R_o^{xd}(m²·K/W)按下列式计算。

$$R_o^{xd}=\frac{t_{z,p}-t_{n,p}}{\Delta t_2}\cdot R_n$$

式中:$t_{z,p}$为综合温度昼平均值(℃),其值按下式计算:$t_{z,p}=t_{w,p}+\frac{\rho J_p}{\alpha_w}$;$t_{w,p}$和 J_p 为舍外温度昼夜平均值(℃)和辐射强度昼夜平均值(W/m²),查本表;ρ 为围护结构外表面对太阳辐射的吸收系数,与围护结构外表面颜色和粗糙度有关,本表计算中采用最大值 0.85(相当于深色油毡屋面);α_w 为外表面热转移系数[W/(m²·K)],与外表面热移阻 R_w 互为倒数,本表计算中取值 18.61;$t_{n,p}$为夏季舍内温度昼夜平均计算值(℃),按有关资料建议,$t_{n,p}$值允许比舍外温度昼夜平均值高 1 ℃,即:$t_{n,p}=t_{w,p}+1$;Δt_2 为围护结构内表面温度昼夜平均值($\tau_{n,p}$)高于舍内温度昼夜平均计算值的允许温差(℃),取 2 ℃,即:$\tau_{n,p}-t_{n,p}=2.0$ ℃;R_n 为围护结构内表面热转移阻(m²·K/W),墙和屋顶均取值 0.115。

2. 围护结构的低限总衰减度(V_o^d)按下式计算(计算中屋顶和西墙应分别按水平面和西向垂直面取值)。

$$V_o^d=\frac{(A_{tw}+A_J\cdot\rho/\alpha_w)\beta}{[A\tau_n]}$$

式中:A_{tw}为夏季舍外计算温度振幅(℃),$A_{tw}=t_{w,max}-t_{w,p}$,A_{tw}值可查本表;A_J 为太阳辐射强度振幅(W/m²),$A_J=J_{max}-J_p$,A_J 值可查本表;ρ 为围护结构外表面对太阳辐射的吸收系数,本表计算中取值 0.85;α_w 为外表面热转移系数[W/(m²·K)],本表计算中取值 18.61;β 为相位差修正系数,经表中 15 个城市计算,求水平面 V_o^d 时 $\beta=0.95$,求西向垂直面时 $\beta=0.993$;$[A\tau_n]$为围护结构内表面温度振幅允许值(℃),对于畜舍建议取值 2.5。

附录八　窗户和阳台门的总热阻和总传热系数

附表 8-1　窗户和阳台门的总热阻和总传热系数

窗户和阳台门的类型	总热阻 R_o/[$m^2 \cdot K/(kJ/h)$]	总传热系数 K_o [$kJ/(h \cdot m^2 \cdot K)$]
单层木窗	0.172	5.28
双层木窗	0.344	2.91
单层金属窗	0.156	6.40
双层金属窗	0.307	3.26
双层玻璃、单层窗	0.287	3.49
单层玻璃，内侧有木板	0.215	4.65

附录九 建筑材料的热物理特性

附表 9-1 建筑材料的热物理特性

序号	材料名称	密度 ρ/(kg/m³)	导热系数 λ/[W/(m·K)]	蓄热系数 S(24 h)/[W/(m²·K)]
1	混凝土			
	钢筋混凝土	2 500	1.74	17.20
	碎石、卵石混凝土	2 300	1.5	15.36
		2 100	1.28	13.50
	膨胀矿珠混凝土	2 000	0.77	10.54
		1 800	0.63	9.05
		1 600	0.53	7.87
	自然煤矸石、炉渣混凝土	1 700	1.00	11.68
		1 500	0.76	9.54
		1 300	0.56	7.63
	粉煤灰陶粒混凝土	1 700	0.95	11.40
		1 500	0.70	9.16
		1 300	0.57	7.78
		1 100	0.44	6.30
	黏土陶粒混凝土	1 600	0.84	10.36
		1 400	0.70	8.93
		1 200	0.53	7.25
	页岩陶粒混凝土	1 500	0.77	9.70
		1 300	0.63	8.16
		1 100	0.50	6.70
	浮石混凝土	1 500	0.67	9.09
		1 300	0.53	7.54
		1 100	0.42	6.13
	加气、泡沫混凝土	700	0.22	3.56
		500	0.19	2.76
2	砂浆和砌体			
	水泥砂浆	1 800	0.93	11.26
	石灰、水泥、砂、砂浆	1 700	0.87	10.79
	石灰、砂、砂浆	1 600	0.81	10.12
	石灰、石膏、砂、砂浆	1 500	0.76	9.44
	保温砂浆	800	0.29	4.44
	重砂浆黏土砖砌体	1 800	0.81	10.53
	轻砂浆黏土砖砌体	1 700	0.76	9.86
	灰砂砖砌体	1 900	1.10	12.72

续附表 9-1

序号	材料名称	密度 ρ/(kg/m³)	导热系数 λ/[W/(m·K)]	蓄热系数 S(24 h)/[W/(m²·K)]
	硅酸盐砖砌体	1 800	0.87	11.11
	炉渣砖砌体	1 700	0.81	10.39
3	热绝缘材料			
	矿棉、岩棉、玻璃棉板	<150	0.064	0.93
		150～300	0.07～0.093	0.98～1.60
	矿棉、岩棉、玻璃棉毡	≤150	0.058	0.94
	松散矿棉、岩棉、玻璃棉	≤100	0.047	0.56
	水泥膨胀珍珠岩	800	0.26	4.16
		600	0.21	3.26
		400	0.16	2.35
	沥青、乳化沥青膨胀珍珠岩	400	0.12	2.28
		300	0.093	1.77
	水泥膨胀蛭石	350	0.14	1.92
	聚乙烯泡沫塑料	100	0.047	0.69
		30	0.042	3.35
	聚氨酯硬泡沫塑料	50	0.037	0.43
		40	0.033	0.37
	聚氯乙烯硬泡沫塑料	130	0.048	0.79
	钙塑	120	0.049	0.83
	泡沫玻璃	140	0.058	0.70
	泡沫石灰	300	0.116	1.63
	炭化泡沫石灰	400	0.14	2.06
	泡沫石膏	500	0.19	2.65
4	木材、建筑板材			
	橡木、枫木(横木纹)	700	0.23	5.43
	橡木、枫木(顺木纹)	700	0.41	7.18
	松、枞木、云杉(横木纹)	500	0.17	3.98
	松、枞木、云杉(顺木纹)	500	0.35	5.63
	胶合板	600	0.17	4.36
	软木板	300	0.093	1.95
	软木板	150	0.058	1.09
	纤维板	1 000	0.34	7.83
		600	0.23	5.04
	石棉水泥板	1 800	0.52	8.57
	石棉水泥隔热板	500	0.16	2.48
	石膏板	1 050	0.33	5.08
	水泥刨花板	1 000	0.34	7.00
		700	0.19	4.35
	稻草板	300	0.105	1.19
	木屑板	200	0.065	1.41

续附表 9-1

序号	材料名称	密度 ρ/(kg/m³)	导热系数 λ/[W/(m·K)]	蓄热系数 S(24 h)/[W/(m²·K)]
5	松散材料			
	锅炉渣	1 000	0.29	4.40
	粉煤灰	1 000	0.23	3.93
	高炉炉渣	900	0.26	3.92
	浮石、凝灰岩	600	0.23	3.05
	膨胀蛭石	300	0.14	1.80
	膨胀蛭石	200	0.10	1.28
	硅藻土	200	0.076	1.00
	膨胀珍珠岩	120	0.07	0.84
	膨胀珍珠岩	80	0.058	0.63
	木屑	250	0.093	1.84
	稻草	120	0.06	1.02
	干草	100	0.047	0.83
6	土壤			
	夯实黏土	2 000	1.16	12.99
		1 800	0.93	11.03
	加草黏土	1 600	0.76	9.37
		1 400	0.58	7.69
	轻质黏土	1 200	0.47	6.36
	建筑用砂	1 600	0.58	8.30
7	石材			
	花岗岩、玄武岩	2 800	3.49	25.49
	大理石	2 800	2.91	23.27
	砾石、石灰岩	2 400	2.04	18.03
	石灰石	2 000	1.16	12.56
8	卷材、沥青材料			
	沥青油毡、油毡纸	600	0.17	3.33
	地沥青混凝土	2 100	1.05	16.31
	石油沥青	1 400	0.27	6.73
	石油沥青	1 050	0.17	4.71
9	玻璃			
	平板玻璃	2 500	0.76	10.69
	玻璃钢	1 800	0.52	9.25
10	金属			
	紫铜	8 500	407	323.5
	青铜	8 600	64	118.0
	建筑钢材	7 850	58.2	126.1
	铝	2 700	230	203.3
	铸铁	7 250	50	112.2

附录十　家畜每头每小时产生的热量、水汽量和二氧化碳量及在不同程度下产生的热量和水汽量的校正系数

附表 10-1　家畜每头每小时产生的热量、水汽量和二氧化碳量

家畜种类	环境		活重/kg	热量/kJ		水汽量/g	二氧化碳量/g
	温度/℃	相对湿度/%		总热量	显热量		
牛	10	70					
妊娠干奶母牛及妊娠2个月至产犊的初产母牛			300	2 780	2 000	319	99.6
			400	3 300	2 380	380	118.5
			600	4 260	3 070	489	152.7
			800	5 000	3 610	574	179.4
泌乳期奶牛日产奶10 L			300	2 970	2 140	340	106.2
			400	3 520	2 540	404	126.1
			500	3 960	2 860	455	142.0
			600	4 510	3 140	505	157.6
泌乳期奶牛日产奶15 L			300	3 420	2 460	392	122.6
			400	4 000	2 880	458	143.1
			500	4 550	3 180	507	158.4
			600	4 800	3 450	549	171.5
肥育阉牛			400	4 300	3 090	493	153.7
			600	5 220	3 760	599	187.0
			800	6 250	4 500	715	223.5
			1 000	7 460	5 310	846	264.4
1月龄前犊牛			30	460	330	53	16.5
			40	650	470	74	23.2
			50	800	575	92	28.6
			80	1 180	847	135	42.1
1～3月龄犊牛			40	675	490	78	24.3
			60	990	712	113	35.4
			100	1 150	1 130	117	55.5
			130	1 760	1 260	202	63.0
3～4月龄犊牛			90	1 140	820	131	40.9
			120	1 700	1 250	195	60.9
			150	1 760	1 260	202	63.0
			200	2 480	1 670	265	88.9

续附表 10-1

家畜种类	环境		活重/kg	热量/kJ		水汽量/g	二氧化碳量/g
	温度/℃	相对湿度/%		总热量	显热量		
4 月龄以上的育成及青年牛			120	1 480	1 070	170	53.1
			180	1 840	1 360	216	67.5
			250	2 280	1 380	261	81.7
			350	3 000	2 160	344	107.4
猪	10	70～75					
种公猪			100	1 235	890	142	44.3
			200	1 700	1 220	194	60.8
			300	2 165	1 560	250	77.6
空怀及妊娠前期母猪			100	1 020	733	117	36.5
			150	1 175	846	135	42.2
			200	1 355	957	156	48.5
妊娠后期母猪			100	1 220	870	139	43.2
			150	1 420	1 040	164	50.8
			200	1 620	1 155	180	57.6
带仔哺乳期母猪			100	2 440	1 760	282	87.6
			150	2 780	2 100	320	99.8
			200	3 220	2 360	370	115.2
2 月龄以前的仔猪			1	29.8	21.4	3.4	1.1
			2	57.0	41.0	6.55	2.0
			5	204	146	23.25	7.3
			7	257	188	30.00	9.4
			10	383	261	41.63	13.0
			15	460	330	53.0	16.5
断奶仔猪			20	505	363	59.5	18.1
			30	600	436	69.5	21.7
			40	706	512	81.0	25.3
后备猪和架子猪			50	725	557	89	27.8
			60	930	675	107	33.3
			80	1 080	775	124	38.7
			90	1 120	822	132	41.0
			100	1 200	863	138	43.0
			110	1 270	910	145	45.3
			120	1 320	947	151	47.1
成年猪和肥猪			100	1 360	955	153	47.6
			200	1 760	1 270	202	63.0
			300	2 320	1 660	267	83.0

续附表 10-1

家畜种类	环境		活重/kg	热量/kJ		水汽量/g	二氧化碳量/g
	温度/℃	相对湿度/%		总热量	显热量		
羊	10	70					
种公羊和试情公羊			50	707.7	510.3	79	25
			80	929.5	669.9	104	33
			100	1 038.3	745.3	116	37
空怀母羊			40	523.4	376.8	59	19
			50	607.1	435.4	69	22
			60	690.8	498.2	77	25
妊娠母羊			40	619.7	448.0	69	22
			50	707.6	510.8	79	25
			60	774.6	556.8	87	28
哺乳母羊			40	653.1	468.9	74	23
			50	7 74.6	556.8	87	28
			60	862.5	619.7	97	31
羔羊及后备羊			5	167.5	121.4	18	6
			10	251.2	180.0	28	9
			20	401.9	288.9	45	14
			30	510.8	368.4	57	18
兔	10	70～75					
公兔			3.5	67.32	48.48	7.69	2.41
			4.0	71.76	51.66	8.20	2.57
母兔			3.5	77.87	56.06	8.90	2.79
妊娠母兔			4.0	83.07	59.79	9.48	2.98
幼兔			0.05	5.23	3.77	0.60	0.19
			0.10	10.13	7.28	1.16	0.36
			0.20	17.58	12.64	2.01	0.63
			0.30	21.23	15.28	2.42	0.76
			0.40	25.33	18.25	2.89	0.91
			0.50	28.97	20.85	3.31	1.04
			0.75	36.80	26.50	4.20	1.32
			1.00	44.00	31.69	5.02	1.58
			2.00	49.32	35.50	5.64	1.77
			2.50	58.24	41.91	6.66	2.08
			3.00	62.72	45.17	7.17	2.25

注：1. 牛、猪、兔在夜间产生的热量比表中所列数值少 20%。

2. 羊的产热量、产水汽量和二氧化碳量，在相对湿度高于 70%时，应比表中数值增加 3%。

3. 家畜体重处于表中数字之间时，可用内插法求产热、水汽和二氧化碳量。

4. 表中产热量和产水汽量在不是表中标明的温、湿度状况下，需乘以校正系数，各种家畜的校正系数如附表 10-2 所示。

附表 10-2　家畜在不同温度下产生的热量和水汽量的校正系数

家畜种类	空气温度/℃	校正系数		
		总热量	显热量	水汽量
牛	－10	1.81	1.59	0.61
	－5	1.19	1.48	0.67
	0	1.08	1.21	0.76
	5	1.05	1.12	0.86
	10	1.00	1.00	1.00
	15	0.96	0.85	1.24
	20	0.98	0.63	1.70
	25	0.89	0.30	2.24
	30	0.92	0.11	3.00
猪	－5	1.34	1.59	0.72
	0	1.14	1.25	0.85
	5	1.06	1.08	0.98
	10	1.00	1.00	1.00
	15	0.94	0.86	1.13
	20	0.90	0.67	1.50
	25	0.86	0.42	2.00
	30	0.87	0.24	2.50
羊	0	1.12	1.25	0.80
	5	1.05	1.08	0.96
	10	1.00	1.00	1.00
	15	0.94	0.80	1.20
	20	0.88	0.60	1.50
	25	0.84	0.40	2.00
兔	－5	1.34	1.59	0.72
	0	1.14	1.25	0.85
	5	1.06	1.08	0.98
	10	1.00	1.00	1.00
	15	0.94	0.86	1.13
	20	0.90	0.67	1.50
	25	0.86	0.42	2.00
	30	0.87	0.24	2.50

附录十一 家禽每千克活重每小时产生的热量、水汽量和二氧化碳量及在不同温度下产生的热量、水汽量和二氧化碳量的校正系数

附表 11-1 家禽每千克活重每小时产生的热量、水汽量和二氧化碳量

家禽种类	周龄	活重/kg	显热量/kJ	水汽量/g	二氧化碳量/g
成年笼养蛋鸡		1.5～1.7	24.62	4.50	1.54
成年平养肉鸡		3.0～3.5	21.26	3.75	1.44
成年火鸡		6.0～7.0	17.42	4.20	1.32
成年鸭		3.5	28.30	5.70	1.11
成年鹅		5.0～6.0	10.34	3.00	1.00
蛋用雏鸡及育成鸡	1	0.06	63.80	11.85	2.70
	2～4	0.25	51.24	5.55	2.20
	5～8	0.60	30.14	3.30	1.53
	9～17	1.14	27.83	3.12	1.26
	10～22	1.45	26.41	3.00	1.02
肉用雏鸡及育成鸡	1	0.08	56.31	4.20	2.37
	2～4	0.48	42.79	3.30	2.20
	5～9	1.40	29.10	3.30	1.74
	10～20	2.30	19.55	3.30	1.40
	21～26	2.80	20.35	3.00	1.28
肉用仔鸡	1～8(笼养)	1.30	28.64	3.30	1.44
	1～9(平养)	1.40	30.98	3.45	1.63
雏火鸡及育成火鸡	1	0.10	43.88	11.18	2.00
	2～4	0.60	33.66	8.50	2.10
	5～17	4.00	24.49	3.90	1.43
	18～34	6.00	26.12	4.20	1.52
肉火鸡					
（轻型杂交种）	1～10	2.20	36.63	5.57	1.82
（中型及重型杂交种）	1～8	1.90	36.63	5.57	1.82
（中型及重型杂交种）	9～16	4.00	22.61	3.90	1.32
（重型杂交种）	9～23	7.00	19.59	3.75	1.20
雏鸭和中鸭	1	0.2～0.3	62.05	15.15	3.10
	2～4	1.0～1.5	40.32	8.70	1.80
	5～7(8)	2.2～2.8	21.23	4.50	0.92
	8(9)～28	3.0～3.5	19.05	4.05	0.89
肉鸭	1～8	2.2～2.5	21.52	4.50	1.23
鹅	1～3(4)	1.30	40.28	11.07	2.77

续附表 11-1

家禽种类	周龄	活重/kg	显热量/kJ	水汽量/g	二氧化碳量/g
	4(5)～9	1.00	22.65	4.47	1.32
	10～34	6.00	10.89	3.00	0.78
	35～39	6.50	11.43	3.15	0.78
肉鹅	1～4	1.70	40.28	11.07	2.00
	5～9	4.00	22.86	4.50	1.43

注:1. 表中各种幼禽的产热量、产水汽和二氧化碳量,均指各年龄阶段结束时。在实际计算中,各年龄阶段的日龄之间按无差异计。

2. 家禽夜间睡眠时,按表中各项数值 60%计。

3. 表中幼禽的显热产量是指地面平养,如为笼养,应乘以系数 0.9。

4. 表中各项数值是在适宜相对湿度,30 日龄以前的幼禽在 24 ℃、30 日龄以上及成年禽在 16～18 ℃条件下得出的。不同温度应分别乘以校正系数。各种家禽的校正系数如附表 11-2 所示。

附表 11-2 家禽在不同温度下产生的热量、水汽量和二氧化碳量的校正系数

空气温度/℃	30 日龄以上幼禽和成年禽		30 日龄以下的幼禽	
	显热	水汽量和二氧化碳量	显热	水汽量和二氧化碳量
4	1.15	0.85	—	—
8	1.10	0.90	—	—
12	1.05	0.90	—	—
16	1.00	1.00	—	—
20	1.00	1.00	1.00	1.00
24	1.05	1.05	1.00	1.00
26	1.07	1.13	1.03	1.03
28	1.10	1.22	1.05	1.05
32	1.15	1.34	1.10	1.20
36	0.80	1.45	0.90	1.30

附录十二 我国部分主要城市及周围地区舍外气象参数

附表 12-1 我国部分主要城市及周围地区舍外气象参数(一)

序号	地名	台站位置			室外计算(干球)温度/℃						夏季室外平均每年不保证 50 h 的湿球温度/℃	室外计算相对湿度/%			风速/(m/s)		主风向及其频率	
																	冬季	
		北纬	东经	海拔/m	采暖	冬季通风	夏季通风	冬季空气调节	夏季空气调节	夏季空气调节日平均		冬季空气调节	最热月月平均	夏季通风	冬季	夏季	风向	频率/%
																	C N	22 13
1	北京市	39°48′	116°19′	31.3	−9	−5	30	−12	33.8	29	26.5	41	77	62	3.0	1.9	NNW	13
2	上海市	31°10′	121°26′	4.5	−2	3	32	−4	34.0	30	28.3	73	83	67	3.2	3.0	NW	14
																	NWN C	13 2
3	天津市	39°06′	117°10′	3.3	−9	−4	30	−11	33.2	29	27.2	54	78	66	2.9	2.5	NW	9
4	哈尔滨	45°41′	126°37′	171.7	−26	−20	26	−29	30.3	25	23.9	72	78	63	3.4	3.3	SSW	15
																	SW SSW	25 10
5	长春	43°54′	125°13′	236.8	−23	−17	27	−26	30.5	26	24.2	68	79	57	4.3	3.7	WSW	10
																	N	13
6	沈阳	41°46′	123°26	41.6	−20	−13	28	−23	31.3	27	25.3	63	78	64	3.2	3.0	S	11
																	N	30
7	大连	38°54′	121°43′	93.5	−12	−5	26	−14	28.5	26	25.2	56	90	78	6.3	4.2	NNW	12
																	C	36
8	石家庄	38°04′	114°26′	81.8	−8	−3	31	−11	35.2	30	26.5	48	75	49	1.8	1.3	NNW	8

续附表 12-1

序号	地名	台站位置			室外计算(干球)温度/℃						夏季室外平均每年不保证 50 h 的湿球温度/℃	室外计算相对湿度/%			风速/(m/s)		主风向及其频率	
																	冬季	
		北纬	东经	海拔/m	采暖	冬季通风	夏季通风	冬季空气调节	夏季空气调节	夏季空气调节日平均		冬季空气调节	最热月月平均	夏季通风	冬季	夏季	风向	频率/%
9	太原	37°47	112°33′	777.9	−12	−7	28	−15	31.8	26	23.3	46	74	51	2.7	2.1	C N	21 17
10	呼和浩特	40°49	111°41′	1 063.0	−20	−14	26	−22	29.6	25	20.8	55	64	44	1.5	1.3	C NWE	53 10
11	西安	34°18′	108°56′	396.9	−5	−1	31	−9	35.6	31	26.6	63	71	46	1.9	2.2	C NE SW	27 13 9
12	银川	38°29′	106°16	1 111.5	−15	−9	27	−18	30.5	26	22.2	57	65	42	1.7	1.6	C N	39 12
13	西宁	36°35	101°55′	2 261.2	−13	−9	22	−15	25.4	20	16.4	46	65	44	1.7	2.0	C SE	45 22
14	兰州	36°03	103°53′	1 517.2	−11	−7	27	−13	30.6	26	20.1	55	62	42	0.4	1.1	C EN	77 5
15	乌鲁木齐	43°54	87°28′	653.5	−23	−15	29	−27	33.6	30	18.7	78	38	31	1.3	3.4	C S	39 15
16	济南	36°41′	116°59′	51.6	−7	−1	31	−10	35.5	31	26.8	49	73	51	3.0	2.5	C SSW NE	22 15 12
17	重庆	29°35′	106°28′	260.6	4	8	33	3	36.0	32	27.4	81	76	57	1.3	1.6	C N C N	27 14 36 15
18	南京	32°00′	118°84′	8.9	−3	2	32	−6	35.2	32	28.5	71	81	62	2.5	2.3	C NE	27 11

附表 12-2　我国部分主要城市及周围地区舍外气象参数(二)

序号	地名	主风向及其频率年主导方向及其频率气压/kPa						日平均温度≤5 ℃的天数	日平均温度≤5 ℃期间内的平均温度/℃	冬季日照率/%	年平均温度/℃	极端最低温度/℃	极端最高温度/℃	最大冻土深度/cm
		夏季												
		风向	频率/%	风向	频率/%	冬季	夏季							
		C　S	27　10	C	23									
1	北京	N	10	N	10	102	100	124	−1.3	63	11.6	−27.4	40.6	85
				ESE	10									
2	上海	SE	17	SE	10	103	101	59	3.1	45	15.7	−9.4	38.9	8
		SE　C	13　10	C　SSW	9　8									
3	天津	ESE	9	SW	8	103	101	122	−1.2	63	12.3	−22.9	39.6	69
4	哈尔滨	S	14	S	14	100	99	176	−9.6	59	3.5	−38.1	36.4	197
		SW	17											
5	长春	SSW	13	SW	20	99	98	175	−9.8	65	4.9	−36	38.0	169
		S	18											
6	沈阳	SSW	15	S	14	102	100	151	−6.1	60	7.8	−30.6	38.3	139
		SE	23	N	26									
7	大连	SSE	11	SE	21	101	99	128	−1.7	68	10.1	−21.1	34.4	93
		C	48	C	39									
8	石家庄	SE	9	SE	9	102	100	110	0.7	62	12.7	−26.5	42.7	53
		C	26	C	23									
9	太原	NNW	14	N	14	93	92	135	−3.3	64	9.4	−25.5	39.4	77
		C　SW	50　7	C	49									

续附表 12-2

序号	地名	主风向及其频率年主导方向及其频率气压/kPa						日平均温度≤5 ℃的天数	日平均温度≤5 ℃期间内的平均温度/℃	冬季日照率/%	年平均温度/℃	极端最低温度/℃	极端最高温度/℃	最大冻土深度/cm
		夏季		风向	频率/%	冬季	夏季							
		风向	频率/%											
10	呼和浩特	SSW	7	NW	8	90	89	165	−7.4	70	5.7	−32.8	37.3	120
		C NE	20 18	C	25									
11	西安	SW	10	NE	16	98	96	99	0.5	48	13.3	−20.6	41.7	45
		C	38	C	38									
12	银川	S	12	N	9	90	88	141	−4.5	75	8.5	−30.6	39.3	103
		C SE	27 23	C	35									
13	西宁	NW	12	SE	25	77	77	156	−4.1	73	5.6	−26.6	32.4	134
		C E	51 8	C	62									
14	兰州	EN	8	NE	7	85	84	136	−2.9	67	8.9	−21.7	39.1	103
		S	22											
15	乌鲁木齐	N	13	S	19	95	93	154	−8.2	55	7.3	−41.5	40.9	162
		C SSW	25 15	C	22									
16	济南	NE	10	SSW	16	102	100	99	0.0	65	14.2	−19.7	42.5	44
		SE	31	C	20									
17	重庆	C N	31 10	C N	33 13	99	97	9	—	13	18.3	−1.8	42.2	—
		C	21	C	24									
18	南京	SE	13	NE	10	95	100	71	2.2	51	15.4	−14.0	40.7	—

附录十三　生态畜牧场规划设计竞赛要求及评分标准

一、主题要求

(1)主题　以动物健康生态养殖为主要产业,向市场提供“健康、优质、安全的畜产品”为主要目标,选择适合当地发展的养殖模式。

(2)条件　不超过 200 亩土地面积,根据当地(结合实际,自行选择)的地形地貌特点,选择有代表性的建设地点。

(3)强调适度规模、可种养结合和资源循环利用等,用可持续发展的生态理念、现代科学技术和先进的管理方式规划设计。

二、作品要求

(1)规划书(电子版)1 份　内容包括:规划建设目标、设计理念、项目建设条件(地理位置、自然条件等)、建设内容(种养品种、面积、产量等)。

(2)规划图纸一份(电子版)　内容包括:设计理念、农场布局、设计参数、工艺说明等部分。

(3)展板尺寸为 1.2 m×1.2 m(内容尺寸为 1.2 m×1.0 m,学校名称尺寸为 1.2 m×0.2 m),各参赛队提供电子版,会务组统一打印和安排张贴。

三、评判标准

(1)设计方案的完整性、科学性、合理性和可行性。

(2)现场讲说与答辩(5 min)。

(3)规划书与图纸提前进行网评,网评占本项目总成绩的 40%。具体评分标准如表 13-1 所列。

表 13-1　评分标准

评判内容	评判标准	分值
设计方案 展板和图纸 现场展示与答辩	完整性	15
	科学性、合理性	20
	可行性	15
	展示效果	10
	理论基础	20
	设计理念	20
总分		100

策划编辑：张秀环
责任编辑：石　华
封面设计：郑　川

家畜环境卫生学实验指导

第2版

JIACHU HUANJING WEISHENGXUE SHIYAN ZHIDAO

ISBN 978-7-5655-2635-0

定价：29.00元